5244 - D: ble

5c - A

C. de Nyon 5363.
double à vendre

HISTOIRE
NATURELLE
DES
ABEILLES;
TOME PREMIER.

HISTOIRE
NATURELLE
DES
ABEILLES;

Avec des Figures en Taille-Douce.

TOME PREMIER.

A PARIS,

Chez les Freres GUERIN, rue S. Jacques,
vis-à-vis les Mathurins, à Saint Thomas
d'Aquin.

M. DCC. XLIV.
Avec Approbation & Privilége du Roi.

AVERTISSEMENT.

'ENTRETIEN des Abeilles a été de tout tems une des occupations des plus agréables & des plus utiles de la vie champêtre, les Anciens cultivoient ces animaux avec soin dans la vue du miel : il étoit chez eux d'un usage aussi grand que le sucre l'est parmi nous. Depuis que l'on a trouvé à propos de substituer le sucre au miel, celui-ci est tombé dans un assez grand discrédit ; mais en échange la cire est devenue un objet de commerce très-considérable. Ainsi les Abeilles sont toujours restées en possession de mériter nos soins, & l'utilité publique de les exiger.

Ce n'est point dans les Villes que l'on élève les Abeilles, ce n'est qu'à la campagne. Deux sortes de personnes s'y occupent à la culture de ces industrieux Animaux. Les Paysans, dans la seule vue d'en tirer du profit; & les personnes d'une condition aisée, joignent à cet objet celui d'un amusement agréable.

Les premiers trop occupés d'ouvrages rudes, continuels, & du soin de leur subsistance journaliere, ne peuvent donner à leurs Ruches que des momens dérobés, & des attentions trop négligées pour parvenir à les multiplier autant qu'il seroit à désirer pour le bien du commerce.

Les autres, qu'une meilleure fortune, qu'un esprit plus cultivé rendroient très-capables de perfectionner un art qui fait aujourd'hui une

AVERTISSEMENT.

branche considérable du commerce du Royaume, en sont éloignés par la difficulté d'approcher ces Animaux toujours redoutables, & qu'on ne manie pas facilement; ce qui leur fait négliger des expériences qui pourroient les conduire à faire mieux que l'on n'a fait jusqu'à présent.

Si l'on a des lumiéres que les autres n'aient point, si l'on a des préceptes à donner, sur la meilleure maniere de conduire les Abeilles; c'est donc à ceux-ci qu'il faut les adresser. Leur intelligence, leurs facultés, le tems dont ils peuvent plus aisément disposer, les met à portée de tenter & même d'exécuter les pratiques les plus favorables pour la multiplication, & la conservation des Ruches. Si ils y réussissent, les autres sçauront bientôt les imiter.

Avertissement.

Ce n'est pas assez d'apprendre aux gens intelligens ce que l'on peut faire de mieux, il est à propos de leur apprendre les raisons de ce mieux. Par ce moyen les esprits qui sont nés avec quelque sagacité, exécutent avec plus de plaisir, & perfectionnent plus facilement les découvertes nouvelles.

Les raisons des pratiques que l'on met en usage pour faire prospérer les Abeilles, ne sont autres que la connoissance de leurs besoins, & leurs besoins ne peuvent être connus si l'on ne sçait dans le plus grand détail possible, leur façon de vivre, leur tempéramment, si l'on ne connoît leur nourriture, les dangers auxquels elles sont exposées, les situations les plus favorables dans lesquelles on les peut mettre, si l'on ne sçait les faire changer de demeure, &c.

Les Anciens ont farci l'histoire des Abeilles de tant de fables & d'absurdités, qu'il n'est pas étonnant que les préjugés qui sont nés de ces fausses connoissances, aient arrêté le progrès que l'on auroit pû faire dans l'éducation des Abeilles.

Pour remettre cet art utile en vigueur, & le rendre capable d'arriver à sa plus grande perfection, il étoit donc nécessaire que quelqu'un se donnât la peine d'étudier les Abeilles mieux que les Anciens n'avoient fait. Cela a été fait de nos jours, & nous en avons l'obligation à trois Auteurs célébres. Swammerdam est le premier qui s'y soit appliqué avec toute l'intelligence, dont étoit capable un aussi grand Anatomiste; mais ses études & ses découvertes n'ont point passé la connoissance des parties intérieures & extérieures de ces Animaux, leur génération, leurs alimens, ses vûes ne se sont point étendues sur ce qui peut contribuer à les conserver & à les faire multiplier. Enfin son ouvrage écrit en Latin & en Hollandois, n'est point à l'usage des personnes que nous avons en vûe. Feu M. Maraldy, semblable aux Dieux de la Fable, qui quittoient quelquefois le Ciel, pour venir se délasser parmi les Créatures terrestres; M. Maraldy, dis-je, se délassoit aussi de ses observations Astronomiques, par l'étude des Abeilles. Cet Auteur nous a laissé une histoire des Abeilles bien circonstanciée, accompagnée de beaucoup d'observations, & de découvertes. Elle se trouve dans les

Avertissement.

Mémoires de l'Académie, & par conséquent hors de la portée des personnes qui en auroient le plus de besoin. D'ailleurs cet Auteur, non plus que Swammerdam, ne donne aucuns préceptes pour l'éducation des Abeilles. Ils se sont contentés l'un & l'autre de les examiner en Physiciens. Enfin M. de Réaumur réunissant les lumiéres de tous ses prédécesseurs aux siennes, vient de nous donner une nouvelle histoire de ces Animaux, qu'on peut regarder comme l'ouvrage le plus complet, & le plus parfait à tous égards que l'on pouvoit espérer en ce genre, tant par rapport à l'Histoire Naturelle des Abeilles, que par rapport aux moyens faciles & nouveaux qu'il propose pour les faire multiplier & prospérer. Ce morceau d'histoire se trouve dans le cinquiéme Volume de ses Mémoires pour servir à l'Histoire des Insectes, ouvrage qui par son prix, son étendue, & le sçavoir qui s'y trouve renfermé, semble n'être que du ressort des Sçavans & des Curieux.

Ainsi le destin des Abeilles a cela de singulier, que tous ceux qui se sont interressés pour elles avec le plus de succès, qui les ont le mieux connues, qui en ont parlé le plus sçavamment, & avec le plus de vérité, n'ont parlé qu'à ceux qui ne sont point à portée de mettre leurs découvertes, & leurs leçons à profit, & qui n'ont aucune relation avec les Abeilles; pendant que ceux qui les élévent, qui pourroient les faire prospérer, en augmenter le commerce, n'en ont presqu'aucune connoissance.

AVERTISSEMENT.

Cette réflexion m'a fait naître l'idée de rendre plus générales des connoissances & des découvertes, qui sembloient être renfermées dans les cabinets des Sçavans, de les mettre sous les yeux de tous ceux qui auront quelque désir, ou quelqu'intérêt de connoître les moyens les plus propres d'élever ces Animaux, & de multiplier le commerce de la cire.

C'est dans cette vûe, & pour ces personnes-là seules que j'ai entrepris de donner cette Histoire des Abeilles. J'en ai pris tous les matériaux dans les Mémoires de M. de Réaumur. L'on jugera facilement, que je ne pouvois pas puiser dans une source plus pure, ni plus abondante. La forme de Dialogue à laquelle je me suis déterminé, m'a paru la plus propre à instruire, sans avoir un air dogmatique capable de rebuter des Lecteurs, qui, faute d'exercice, ne se croient pas en état de soutenir un discours suivi.

Comme mon seul but a été de me rendre utile, je ne me suis fait aucun scrupule, non-seulement de faire usage des observations, des remarques, des expériences, & des découvertes, qui ont été faites sur les Abeilles; mais encore d'employer leurs descriptions, telles que je les ai trouvées, soit entières, soit en les abrégeant, soit quelquefois aussi en les étendant, lorsque j'ai été sûr de ne point sortir des bornes du vrai. A ce que dit M. de Réaumur sur les Abeilles dans le Mémoire dont elles font le sujet, j'ai réuni tout ce qui pouvoit y avoir rapport, & qui se trouvoit épars dans ses autres Mé-

AVERTISSEMENT. xiij

moires. J'ai conservé, autant que j'ai pû, ses expressions, & ses termes, persuadé que quand les choses sont bien dites, vouloir les dire autrement, c'est s'exposer au péril presque inévitable de les dire mal. Si la conduite que j'ai tenue à cet égard avoit besoin d'être autorisée par un exemple, je citerois celui de M. Rollin dans son Histoire ancienne Grecque & Romaine.

Quant à la forme de Dialogue que j'ai cru devoir employer, & à la maniére dont je l'ai exécutée ; c'est au public à juger si j'ai eu raison. Je me contenterai de remarquer que la Clarice des Dialogues est une mere de famille, vivant dans sa terre, & dont l'esprit n'a d'autre culture que celle que donne une bonne éducation, le commerce du monde,

& la lecture des livres qui ne sont pas absolument frivoles. Pour l'Eugene des Dialogues, c'est l'Auteur du Livre; & quoiqu'il emprunte presque tous les faits qu'il employe de l'ouvrage de M. de Réaumur, qu'il en copie souvent jusqu'à ses expressions, ce sera toujours Eugene seul qui sera comptable de l'usage qu'il en fait; s'il se trompe, ses méprises ne devront être imputées qu'à lui seul.

AVIS AU LECTEUR.

Les Planches qu'on a jugé néceſſaires à l'intelligence de cet Ouvrage, ont été gravées dans le deſſein de mettre toutes les Figures à la fin du Livre.

L'Ouvrage s'eſt trouvé aſſez conſidérable pour qu'il convînt de le diſtribuer en deux Volumes. Suivant ce nouvel arrangement, il eût été incommode de recourir du premier Volume au ſecond, pour y chercher la Figure. Afin de remédier à cet inconvénient, il a paru à propos de doubler quatre Planches : par ce moyen le Lecteur trouvera à la fin de chaque Volume la Figure dont il aura beſoin.

AVIS AU RELIEUR.

Le Relieur aura attention de ranger les Planches à la fin de chaque Volume dans l'ordre qui ſuit :

Planches du premier Volume.	Planches du ſecond Volume.
1. 2. 3. 4. 5. 6. 9. 10. 11.	4. 7. 8. 9. 10. 11. 12.

TABLE
DES ENTRETIENS
Contenus dans le Premier Volume.

I. ENTRETIEN. *Des premiers objets que présente une Ruche*, Page 9.

II. ENTR. *De la Reine des Abeilles & des Mâles ou Fauxbourdons*, 33.

III. ENTR. *Des Abeilles ouvrieres*, 67.

IV. ENTR. *Le venin des Abeilles ; leurs piquûres, leurs combats singuliers & généraux*, 103.

V. ENTR. *De la génération des Abeilles, & de la fécondation de la Mere-Abeille*, 147.

VI. ENTR. *De la Ponte de la Mere-Abeille, & des hommages que l'on lui rend*, 195.

VII. ENTR. *Des Oeufs, de la naissance, de la nourriture des Vers, des Toiles qu'ils filent*, 237.

VIII. ENTR. *Changement du Ver en Nymphe, de la Nymphe en Abeille. Prolongation à volonté de la vie des Insectes. Premiere sortie de l'Abeille naissante*, 285.

IX. ENTR. *Du Massacre des Reines surnuméraires, de celui des Mâles, & des Vers*, 235.

X. ENTR. *De la Propolis ou Résine dont les Abeilles bouchent les fentes des Ruches. De la Cire*, 369.

Fin de la Table des Entretiens du Tome Premier.

HISTOIRE

HISTOIRE
NATURELLE
DES ABEILLES.

DIALOGUE.

EUGENE ET CLARICE.

CLARICE.

'ÉTOIS extrêmement disposée, Eugene, à suivre votre conseil, & à lire l'Histoire des Abeilles dans le cinquiéme volume des *Mémoires pour servir à l'Histoire des Insectes*, que vous m'avez prêté. J'étois bien assûrée

Tome I.   A

d'y trouver tout ce que vous m'aviez promis. Mais deux réflexions m'ont fait changer de deſſein. La premiére eſt, que n'ayant pas été élevée pour les Sciences abſtraites, tout ce qui en a le ton & la forme, m'effraie; vous m'avez annoncé cette hiſtoire, non-ſeulement comme très-agréable, mais auſſi comme très-ſçavante. Vous ne ſçavez pas apparemment que ſi l'agréable m'attire de dix pas, le ſçavant me repouſſe de vingt. La ſeconde réflexion, c'eſt qu'il me ſemble que ſi je voulois préſentement m'occuper des choſes dont on n'a pas coutume d'inſtruire notre Sexe, & chercher à m'en orner l'eſprit; une telle parure iroit mal avec mes occupations indiſpenſables. Que diroit-on de voir une mere de famille, à la tête d'un ménage de Campagne, paſſer alternativement de l'examen d'un Problême à la revûe de ſa Baſſe-cour, ou du compte de fes Fermiers, à un calcul Géométrique ? Je m'imagine que j'aurois la mauvaife grace de ces Dames de Province, qui ayant été à Paris, ou à Verfailles, mêlent l'air de la Cour au Jargon de leur pays. Reftons chacun dans notre partage. Soit que les hommes aient fait les loix fuivant leurs intérêts, comme nous avons coutume de le leur reprocher, foit que la raifon feule, & fans aucunes vûes particuliéres, ait préfidé à ces inftitutions; les loix font faites : notre naiffance nous y foumet, il faut leur obéir. J'en dis autant des coutumes, & par conféquent de celle qui nous condamne à ignorer les fciences fublimes. Ainfi voilà votre Livre que je vous rends. Gardez pour vous la fcience, & laiffez-nous des lectures qui foient fimplement enjouées, & amufantes; c'eft tout ce qu'il faut à notre sexe, du moins à moi.

Eugene. Vous n'avez pas coutume, Clarice, de prendre les choses avec tant de vivacité. Les connoissances utiles & curieuses, m'avoient toujours paru de votre goût ; & cependant vous vous récriez, comme si je vous avois donné Descartes, ou Newton à commenter ? Notre histoire des Abeilles n'a rien d'approchant ; c'est la vie d'un peuple industrieux, laborieux, infatigable, rigide observateur de ses loix, plein de prévoyance, & d'œconomie, dont la passion dominante est la prospérité & le bien de la famille ; d'un peuple, en un mot, qui semble avoir pris modéle sur vous. Que trouvez-vous là de si hérissé & de si abstrait ?

Clarice. Le compliment est des plus obligeans ; mais je vous avoue que ce qui m'a fait peur, c'est certain mot de Problême que j'ai rencontré à l'ouverture du Livre. On nous y rapporte, avec éloge, qu'un M. Kœnig éléve des Bernouilli & des Wolf (quels noms pour une femme !) avoit réfolu un Problême que les Abeilles exécutent tous les jours. On nous donne enfuite l'expofé de ce Problême dans lequel je fuis tombée pour mon malheur, & où j'ai penfé me perdre. Je fuis la très-humble fervante des Abeilles, je ne me fens pas digne de faire connoiffance avec de fi habiles Géométres.

Eugene. Vous reprochez à l'Auteur le plus grand mérite de fon Ouvrage. Il nous fait voir que ce que l'homme n'apprend que par un travail, & une application infinie, ce qu'il ne découvre que par le moyen d'une longue fuite de connoiffances, que ce qu'Archiméde, Defcartes, Pafchal, & tant d'autres, qui ont précédé le tems de la fublime Géométrie, n'auroient pas été capables de trouver ; il nous fait voir, dis-je, que l'Auteur de la Nature le fait exécuter sous nos yeux par des animaux auxquels notre orgueil refuse l'intelligence.

CLARICE. Je m'en tiens au moral, & j'en tirerai l'inftruction que je dois ; mais je n'ai pas besoin, pour admirer les ouvrages du Créateur, d'aller me perdre dans des démonftrations qui paffent les bornes de ma capacité. En un mot, pour abréger notre conteftation, je confens que vous me faffiez vous-même l'hiftoire des Abeilles, & même je vous en prie ; mais épargnez-moi les claffes, les genres, les efpéces, & tout le détail fçavant. Je ne veux apprendre de ce petit peuple, que la vie, les mœurs, les inclinations, les occupations, le travail, les induftries : comme quand je lis l'Hiftoire de la Chine, je n'ai pas befoin qu'on m'explique le Calendrier Chinois ; mais j'aime qu'on me dife que les Dames de ce pays ont le pied très-mignon, & qu'avec un petit nez, de petits yeux, de groffes joues, une taille replette & raccourcie, elles paffent pour charmantes. Qu'on y trouve tel mari, qui, après dix ans de mariage, n'a pas encore vû fa femme entre deux yeux, quoiqu'il en ait eu plufieurs enfans ; Enfin, je ne vous demande que le Roman, mais le Roman vrai de l'hiftoire des Abeilles.

Eugene. Je tâcherai de vous fatisfaire ; je ne vous dirai rien que de bien vû, & de bien avéré ; il entrera beaucoup de merveilleux dans mon récit, mais rien de faux ; je détruirai des fables anciennes, dont je ne doute pas qu'on n'ait bercé votre enfance ; à la place, vous aurez des vérités qui ne vous furprendront pas moins, & vous contenteront davantage ; mais j'ai befoin pour cela de plufieurs audiences.

CLARICE. Vous en aurez tant que vous voudrez. Tous les jours après le dîné nous irons fous mon allée de Tilleuls, & là, vous me conterez tout à votre aife les merveilles de ce Peuple, avec lequel, felon vous, nous vivons depuis fi long-tems, & que nous connoiffons fi peu. Cette place fera d'autant plus convenable, que nous aurons en perfpective une douzaine de Ruches, dont jufqu'à préfent mon Jardinier feul a fçu profiter.

PREMIER ENTRETIEN.

Des premiers objets que préſente une Ruche.

EUGENE. IL me ſemble que parmi vos Ruches j'en vois une qui eſt vîtrée ?

CLARICE. Oui, c'eſt celle que j'ai fait exécuter ſuivant le deſſein que vous m'en avez donné; mais je vous avoue ma poltronnerie, je n'ai jamais oſé en approcher, tant je crains l'aiguillon.

EUGENE. Approchons-nous, Clarice, de la Ruche vîtrée, & ne craignez rien ſur ma parole; ce ne ſont point ici des hommes, ce ſont des animaux inſtruits par la Nature, & fidéles à ſes inſtructions; des animaux qui ne ſe laiſſent point emporter aux mouvemens d'une raison déréglée. N'attaquez point, ne menacez point, on ne vous insultera pas. Les Ruches vîtrées sont très commodes pour voir en gros le travail des Mouches, leur gâteaux, leurs différens mouvemens. Cette invention, quoique bien simple, est nouvelle ; on ne la connoissoit point il y a cent ans. Les Anciens qui apparemment ne mettoient pas le verre à tant d'usages que nous, en avoient construit dont le vîtrage étoit de lames de corne transparente : mais les derniers tems ont bien perfectionné l'art de la Verrerie. Avant que de vous faire connoître l'intérieur d'une Ruche, commençons par en examiner les dehors, ce qui se présente le premier à la vûe. Une Ruche, est une ville très-peuplée, on en trouve communément qui ont jusqu'à seize, ou dix-huit mille habitans. Cette ville est elle-même une Monarchie composée d'une Reine, de Grands, de Soldats, d'Artisans, de Pourvoyeurs, de Maisons, de Rues, de Portes, de Magasins, & d'une Police. La Reine, que nos Anciens, qui n'y regardoient pas souvent d'assez près, appelloient un Roi, habite un Palais dans l'intérieur de la ville; je n'exagère pas beaucoup quand je dis un Palais, c'est une demeure vaste & bien distinguée, que je vous ferai connoître par la suite plus particuliérement : les Grands y ont des Hôtels, & le Peuple de simples maisons. Toutes ces piéces que vous voyez tomber perpendiculairement du haut de la Ruche, s'appellent des Rayons ou gâteaux; elles sont de pure cire, c'est la même cire que nous appliquons à nos usages. Ces trous exagones que vous y voyez, sont les maisons : quelques-unes sont plus grandes que les autres;

ce sont les Hôtels, ou les logemens de ceux qui tiennent le premier rang dans la République, après la Reine; qui approchent le plus près de sa personne, & ont part à ses faveurs. Les autres sont destinées pour le petit peuple : on les appelle toutes *Cellules*, ou *Alvéoles*. Toutes ces Mouches que voilà en l'air, qui vont aux champs, qui en reviennent, celles qui entrent dans la Ruche, ou qui en resortent avec une vivacité prodigieuse, sont ce même petit peuple, dont une partie va au fourage, ou en revient; les uns apportent des vivres dans les maisons, où on les distribue gratis, les autres reviennent chargés de matériaux propres à la construction des édifices publics. Pour plus grande précaution, chacun porte sa lance avec soi ; c'est cet aiguillon qui vous paroît si redoutable ; il ne seroit pas sûr de vouloir les détrousfer en chemin ; un ennemi n'auroit pas beau jeu non plus à vouloir troubler leur travail & infulter leur ville. Chaque Abeille ouvriere n'eſt pas ſeulement un Artiſan, elle eſt un ſoldat toujours armé pour la défenſive.

Clarice. Cela me fait reſſouvenir de ces Juifs qui rétabliſſoient les murs de Jéruſalem, la truelle d'une main, & l'épée de l'autre. Ah ! Eugene, voilà une Abeille ſur ma main, elle a la lance en arrêt.

Eugene. Ne lui touchez pas, Clarice, ne remuez point, laiſſez-la aller à ſa fantaiſie.

Clarice. Vous avez raiſon, la voilà partie ſans m'avoir fait mal.

Eugene. Il en ſera toujours ainſi. Laiſſez-les hardiment promener ſur vos bras, ſur vos mains, ſur votre col, ſur vos joues même, vous n'aurez rien à craindre ſi vous ne les inquiétez pas. Les

Abeilles s'apprivoisent avec les hommes, leur voisinage ne les effarouche point. Approchons-nous de plus près.

Clarice. Attendez un moment. Quoique je me fie fort à vous, je suis bien aise, avant que de faire un pas de plus, d'éclaircir un soupçon. N'ai-je pas oüi dire qu'elles ne peuvent souffrir les odeurs fortes? Il faut vous avertir que j'ai mis à mes cheveux de la Pommade de Jasmin; si cette petite délicatesse alloit m'attirer quelque coup de lance?

Eugene. Cette aversion pour les odeurs est une de ces fables dont il a plû aux Anciens d'orner l'Histoire des Abeilles. Si l'on vouloit s'en rapporter à divers Auteurs, on ne devroit s'approcher d'elles qu'après avoir fait son examen de conscience. Ils nous assûrent qu'elles ne peuvent souffrir les hommes impurs, & sur-tout

ceux qui sont coupables d'adulte-
re ; qu'elles ne font aucun quartier aux voleurs ; que ce sont des
Mouches vertueuses qui aiment
les vertueux, & qui les sçavent
distinguer ; que les Muguets, que
les jeunes gens frisés, & pomma-
dés leur déplaisent : on dit même
qu'il y a des tems où les Dames
ne doivent point s'exposer à s'en
approcher. Aristote dit encore
plus ; il prétend que les odeurs,
tant bonnes que mauvaises, les
déterminent à attaquer celui qui
les répand. Ne croyez rien de tout
cela. Toutes ces aversions des A-
beilles sont de purs contes. Nous
les voyons continuellement s'arrêter sur les fleurs les plus odorifé-
rantes. C'est sur les Jonquilles, les
Tubéreuses, & les Lys, qui
vous font mal à la tête, comme
sur le Jasmin que vous aimez tant,
qu'elles vont puiser leur miel, &
ramasser la cire. On les voit aussi

se poser & se tenir long-tems sur des endroits très-humectés d'urine.

CLARICE. Je leur passe les Lys & les Tubéreuses : mais pour ces endroits si désagréablement humectés, je ne les aurois pas soupçonnées d'un si mauvais goût.

EUGENE. Nous sommes tous bien prompts dans nos jugemens. Qu'est-ce que c'est, Clarice, qu'un bon, & un mauvais goût, une bonne, & une mauvaise odeur ? Les sens, aussi-bien que les sentimens, ne sont point d'accord sur la distinction qu'on en peut faire ; des peuples entiers différent à cet égard d'autres peuples entiers ; & sans aller plus loin que nous-mêmes, l'odeur de vos Bergeries vous réjoüit l'odorat, & choque le mien ; celle du Gaudron, qui me plaît beaucoup, vous fait fuir.

CLARICE. Il me paroît qu'il ne seroit pas difficile de décider que certaines

certaines odeurs font réellement mauvaises. En prenant la pluralité des voix, je crois qu'on n'en trouvera pas beaucoup qui opineront pour ces derniers endroits, que fréquentent les Abeilles.

Eugene. Peut-être plus que vous ne penfez. S'il étoit queftion d'en venir à la preuve, & de ramaffer les voix; la juftice voudroit qu'on y admît celles des bêtes, puifque nous voulons juger d'un fens qui leur eft commun avec nous, & qui n'eft qu'une affection machinale, où la raifon n'a pas befoin d'intervenir. Or, dans une telle affemblée, compofée d'hommes, de quadrupédes, d'oifeaux, & d'infectes dont la claffe furpaffe toutes les autres enfemble, je doute fort que notre parti eût le plus grand nombre de fuffrages. Mais nous voilà bien loin de notre texte. Reprenons le fil de notre hiftoire.

CLARICE. Volontiers ; car, fans reproche, vous nous mettiez-là en assez mauvaise compagnie. J'aime beaucoup mieux être éclaircie de ce que je vois. Que font-là ces Mouches paresseuses qui sont groupées & pendantes à un de ces gâteaux ?

Pl. I.
Fig. 1.

EUGENE. Parlez, s'il vous plaît, avec plus de respect d'un peuple qui ne va point au travail & au repos, par paresse & par caprice comme nous autres. Ce sont des Mouches qui ont mérité le repos qu'elles prennent, après lequel elles retourneront au travail avec plus d'ardeur. S'il y a quelque chose de singulier dans la façon dont elles le prennent, ce repos, ce n'est pas seulement en se mettant en tas comme vous les voyez là, c'est encore en s'accrochant par les pattes les unes aux autres, & se suspendant en façon de guirlande. C'est ce que vous allez

Ibid.

Fig. 2.

voir par cet autre carreau de vî-tre-ci.

CLARICE. Voilà effectivement une fort plaisante façon de faire la méridienne. Je ne crois pas que les premiéres qui supportent le poids de toutes les autres, soient fort à leur aise.

EUGENE. Et moi je crois qu'elles y sont aussi commodément que vous sur votre lit de repos; les bêtes sçavent prendre leurs aises aussi-bien que les hommes. Nous ne connoissons pas assez la mécanique de leurs ressorts, pour juger des attitudes qui leur conviennent le mieux; mais nous pouvons bien nous en rapporter sur cela à la Nature. Nous voyons tous les jours des animaux qui en ont de bien plus surprenantes. Vous souvenez-vous de cette Chenille que nous appellons *Chenille en bâton*, que je vous fis remarquer un jour sur un de vos pommiers? Rappellez-

B ij

vous que je vous fis voir que lorsqu'elle se trouve sur une branche, & qu'elle a cessé de prendre sa nourriture, son corps s'allonge tout entier, & se tenant d'une grande roideur sur les deux jambes de derriere, il forme avec la branche un angle de quarante-cinq degrés; ou, pour vous parler moins sçavamment, que l'animal est là droit comme un bâton posé de bout sur un plan & dans une situation oblique; ce que nos plus habiles voltigeurs ne pourroient pas exécuter pendant un moment, avec quelque force qu'ils pussent cramponer leurs pieds. Cependant c'est dans cet état que la chenille se tranquillise, & que peut-être elle juge de nous comme nous jugeons d'elle. Le repos des Abeilles ne nous pouvant rien fournir de plus que ce que nous venons d'en dire, asseyons-nous sur ce banc vis-à-vis cet autre car-

Pl. I.
Fig. 6.

reau de verre, nous y verrons mieux les dedans. Voilà ces gâteaux dont je vous ai parlé, qui pendent du sommet de la Ruche; il reste un espace entre eux, où deux Abeilles peuvent marcher sur les faces opposées, sans s'embarrasser l'une l'autre; ce sont-là les rues: voici un endroit plus spacieux, il y en a plusieurs de cette espéce, ce sont des places publiques; ces trous, ou défilés qui traversent les gâteaux de part en part, sont des ruelles, ou rues étroites, pratiquées dans des sens contraires; les Abeilles les ont ménagées pour abréger le chemin lorsqu'elles veulent passer d'un gâteau à l'autre. Il ne faut pourtant pas croire que ces dispositions soient exactement les mêmes dans toutes les Ruches que vous verrez; elles varient suivant les lieux & les circonstances, comme dans nos villes.

Clarice. Me voilà bien au fait des rues. Entrons maintenant dans les maisons; ce sont apparemment ces trous à six pans qui sont sur les surfaces des gâteaux, que vous m'avez dit s'appeller Alvéoles. Chaque Abeille a sans doute la sienne, où elle fait son ménage, & dans la possession de laquelle la Justice doit la maintenir.

Eugene. Il n'est point question de justice où il n'y a point de propriété. Parmi ce peuple-ci, tous biens sont communs; il n'y a ni tien, ni mien, & par conséquent point de procès sur le possessoire, & sur le pétitoire. Les Alvéoles sont des édifices publics qui appartiennent, comme le reste, à toute la société. Les uns sont des magazins fermés où l'on met le miel en réserve pour les tems de disette; d'autres des magasins ouverts pour la nourriture journalière des Abeilles qui gardent le logis; dans d'autres on dépose de la cire brute, pour celles qui travaillent sans sortir de la maison; d'autres, (mais ceux-ci sont sans comparaison le plus grand nombre) sont destinés à recevoir les œufs d'où doivent naître de nouvelles Abeilles, & pour nourrir & élever les petits vers dont elles viennent.

Clarice. Si cela est ainsi, dites-moi donc où les Abeilles passent la nuit? Elles vont apparemment coucher en ville. Cela commence à m'inquiéter.

Eugene. Vous avez raison de vous intéresser pour elles, elles le méritent, puisqu'actuellement elles travaillent pour vous. Mais remettez-vous de vos allarmes, elles ne changent point de toit, elles passent la nuit comme vous venez de les voir, soit groupées, soit pendues en guirlande devant les maisons.

Clarice. Devant les maisons? C'est-à-dire, qu'elles couchent dans la rue. Adieu donc le Palais de la Reine, adieu les Hôtels des Grands, les maisons du petit peuple; voilà tout converti en un moment en magasins, & en berceaux d'enfans; je m'attendois à toute autre chose d'une Nation si policée. J'ai bien du regret à voir disparoître si promptement ce que je me promettois de la riante description que vous m'avez faite d'abord.

Eugene. Nous ne jugerons jamais juste, Clarice, quand nous rapporterons tout à nous-mêmes, & que nous croirons que nous sommes la mesure commune sur laquelle tout doit être réglé; que ce qui ne nous ressemble pas, ne peut être bien. Lorsque le Créateur eut formé la terre, il la peupla d'animaux, c'est-à-dire, d'hommes, & de bêtes; il pourvut aux besoins

besoins des uns & des autres. Notre lot nous est connu, nous sçavons trouver ce qu'il nous faut; les bêtes ont la même connoissance, pourquoi auroient-elles été plus mal partagées ? Elles sont, dit Montagne, de la famille, comme nous. Mais il n'étoit pas nécessaire que nous fussions tous traités de la même façon, chacun l'est comme il doit l'être, & l'est bien, quoiqu'en différentes maniéres. La Toute-Puissance n'éclate pas moins dans la variété des choses créées, que dans la création. Coucher devant la porte de sa maison, c'est apparemment pour les Abeilles comme il est pour nous de coucher dans des lits, & pour un liévre de coucher au milieu d'un champ. Quant au palais de la Reine, & aux hôtels que vous croyez anéantis, ils subsistent encore en leur entier. Il est vrai que les Abeilles parvenues à un âge fait, que nous appellons parmi nous *âge d'homme*, ne s'en fervent plus pour leur ufage particulier, elles veulent demeurer en grand air, mais elles les occupent dans leur enfance. Paſſons préfentement aux différens états qui compofent la nation des Abeilles. Une Ruche eſt communément compofée d'une Reine qui eſt feule de fon fexe, de deux, trois, & jufqu'à fept, ou huit cens, & même mille mâles, qu'on appelle *Fauxbourdons*, & de quinze à feize mille, & plus, d'Abeilles fans fexe, que j'appellerai les *Ouvriéres*, parce que ce font elles qui font chargées de tout le ménage.

CLARICE. Une feule femme, mille maris, quinze ou feize mille domeſtiques, qui ne font ni mâles, ni femelles! Vous commencez de bonne heure à me dire des merveilles; n'y aura-t-il rien à retrancher de tout cela par la fuite?

EUGENE. Il y aura quelquefois

à retrancher, quelquefois à augmenter, quant au nombre, rien quant au fait. Vous verrez quelquefois deux, trois ou quatre meres. Mais après l'hyver il n'y en aura jamais qu'une, & cette une est si nécessaire, qu'une Ruche ne peut subsister sans cela. La Reine, ou la mere Abeille, ou la Reine mere, (car je lui donnerai indifféremment un de ces noms) est l'ame d'une Ruche, c'est elle qui y met tout en action. Dans une Ruche où il n'y a point de mere, tout languit, tout le travail cesse. Aristote a beau dire que lorsque les Abeilles en sont privées, elles se contentent de faire des gâteaux de cire, mais qu'elles ne font pas des amas de miel; Aristote n'avoit vû les choses qu'à demi. Quand une mere leur manque, elles n'amassent plus ni miel, ni cire; ne voyant point d'espérance de postérité, elles ne songent plus à l'avenir; elles n'amassent point comme nos avares, pour le plaisir d'amasser; lorsqu'elles sentent qu'il n'y a plus personne à vivre après elles, l'inquiétude du futur ne les occupe plus; elles vivent au jour la journée, & se contentent d'aller prendre de tristes repas dans la campagne; mais bientôt l'ennui de se voir les derniéres de leur race les fait languir, & elles périssent en peu de tems. Donnez-vous le plaisir de soustraire la mere Abeille d'une Ruche, vous verrez bientôt la Ruche vuide, soit par mortalité, soit par désertion; j'en ai fait l'expérience.

Clarice. Je ne la ferai jamais; de pareils passe-tems n'en sont point pour moi. Il me paroît, Messieurs les Sçavans, que l'envie de sçavoir vous rend l'ame terriblement cruelle. Si les bêtes sont de la famille comme nous, vous êtes de mauvais parens.

Eugene. Les ordres que vous donnez à votre Cuisinier, en conséquence desquels il va faire main-basse sur la basse-cour & le colombier, ceux que vous donnez à votre Chasseur, sont-ils beaucoup plus charitables ? Il me semble que votre table ne fait pas l'éloge de cette tendresse de cœur qui vous anime contre les Sçavans. Lequel est le plus en droit d'être cruel, ou l'apétit de satisfaire son ventre, ou le désir de s'instruire ? Avouez franchement que nous n'avons rien à nous reprocher sur cet article. Ainsi continuons notre sujet. J'aurai plus d'une occasion de vous parler de l'attachement, de la tendresse, des respects & des devoirs que les Abeilles rendent à leur Reine. Mais pour vous donner aujourd'hui une premiére idée de cette admirable fidélité pour leur souveraine, qui les rend si recommandables, je vous en dirai seulement deux faits très-singuliers. Swammerdam, Auteur qui vous est peu connu, mais dont le témoignage vaut preuve, attacha la mere Abeille d'un essaim par une de ses jambes avec un brin de fil, près du bout d'une longue perche. Les mouches de l'essaim ne tarderent pas à s'assembler autour de ce bout de perche, à couvrir la mere, & à s'entasser sur elle. On portoit cet essaim par-tout où l'on vouloit, en portant la perche. Voici l'autre fait. Je me souviens de vous avoir vû lire les voyages du P. Labbat. Je ne doute point que vous n'ayez pris pour un de ces contes, dont ce Pere égaie ses histoires, ce qu'il dit de l'homme aux Mouches.

Clarice. Rappellez-moi le fait.

Eugene. Voici à peu près ses termes. » Il reçut la visite d'un » homme qui se disoit le maître » des Mouches à miel; qu'il en » fût le maître ou non, il est cer-

» tain qu'elles le fuivoient com-
» me un troupeau fuit le pafteur,
» & même de plus près, car il en
» étoit tout couvert. Son bonnet
» fur-tout en étoit tellement char-
» gé, qu'il reffembloit parfaite-
» ment à ces effaims, qui, cher-
» chant à fe placer, s'attachent à
» quelque branche. On le lui fit
» ôter, & les Mouches fe place-
» rent fur fes épaules, fur fa tête,
» fur fes mains, fans le piquer, ni
» même ceux qui étoient auprès
» de lui... Il falloit que cet hom-
» me fe fût frotté de quelque fuc
» d'herbes. On le preffa beaucoup
» de dire fon fecret, mais on n'en
» put tirer autre chofe, finon qu'il
» étoit le maître des Mouches. El-
» les le fuivirent toutes quand il fe
» retira; car outre celles qu'il por-
» toit fur lui, il en avoit encore
» des légions à fa fuite.

CLARICE. Cet homme avoit affurément la perche de Swammer-

dam, ou bien il l'étoit lui-même.

Eugene. Je ne doute point que ce Bâteleur n'eût quelque mere Abeille attachée à son oreille, ou à quelque endroit voisin, puisqu'il n'en faut pas davantage pour se faire suivre d'un essaim entier. Vous pouvez juger par-là de l'attachement merveilleux que les Abeilles ont pour leur Reine.

Clarice. Vous faites croître continuellement la passion que j'ai de connoître une mere si chérie.

Eugene. C'est mon dessein de vous la faire connoître. Mais je crois que nous en avons assez dit pour aujourd'hui ; & qu'il seroit à propos de continuer la séance à demain, où je vous parlerai, non seulement de cette Mere, de son peuple, mais encore des différens états qui composent sa nombreuse famille.

II. ENTRETIEN.

De la Reine des Abeilles, & des mâles ou Fauxbourdons.

CLARICE. Souvenez-vous, Eugene, que vous me devez le portrait d'une Reine, dont je me fais d'avance une grande idée.

EUGENE. Voyons un peu quelle idée vous vous en faites, nous nous donnerons ensuite le plaisir de la comparer avec la réalité.

CLARICE. Par l'idée d'une Reine regnante, qui est aussi celle de tout autre Souverain, je me représente un assemblage de la clémence & de la justice, de la douceur & de la fierté, de la prudence & de l'activité, d'un air grand, majestueux, & d'un accès facile & plein de bonté, d'une attention continuelle au bonheur de son peuple,

& d'une sévérité inflexible pour la discipline & les loix, & quantité d'autres belles choses qui ne se présentent pas actuellement à mon imagination, & que je compte trouver dans votre Reine Abeille.

Eugene. Des Souverains, suivant le portrait que vous venez de commencer, & que vous auriez très-bien achevé si vous eussiez voulu, sont nécessaires parmi les hommes, à cause de la malice dont notre nature est infectée : il faut à ceux qui gouvernent, des vertus morales, pour opposer aux vices de ceux qui sont gouvernés : mais où le mal moral est inconnu, il ne faut que des vertus physiques. Ainsi vous allez trouver bien du mécompte au calcul que vous avez fait des vertus nécessaires à une Reine Abeille. Nos Anciens qui ne se faisoient pas scrupule de suppléer, par des fables tirées de leur imagination, à ce qu'ils ne pouvoient découvrir dans la recherche des choses naturelles, ont donné à la mere Abeille toutes les connoissances, toute la prévoyance, toute la sagesse ; en un mot, toutes les qualités, & même toutes les vertus nécessaires pour gouverner un peuple nombreux, sur lequel ils lui ont accordé le pouvoir le plus despotique. Ils ont pensé que tout ne se faisoit dans la Ruche que par ses ordres, ils lui ont mis la force en main pour faire exécuter ce qu'elle ordonne. Deux Auteurs du plus grand nom, & d'une réputation imposante, nous parlent de la mere Abeille en termes qui répondent mal à leur réputation. L'illustre * Rollin, citant Xénophon, compare la femme sage à l'Abeille mere, appellée ordinairement *le Roi des Abeilles*. Il dit qu'elle seule gouverne toute la Ruche, & en a l'intendance, qu'elle distribue les emplois, qu'el-

* *Hist. Anc.* p. 47.

le anime les travaux, qu'elle préside à la construction des petites cellules, qu'elle veille à la subsistance & à la nourriture de sa nombreuse famille, qu'elle régle la quantité de miel destiné à cet usage; & que régulièrement dans les tems marqués, elle envoie en colonie au dehors les nouveaux essaims, pour décharger la Ruche. Enfin tout ce que font les Abeilles, soit dans la Ruche, soit dehors, on a voulu que ce fût en conséquence des ordres de la Reine. Une tête de Mouche qui suffiroit à tant de vûes différentes, seroit une forte tête & bien respectable. Mais celle de la mere Abeille est exempte apparemment de tous ces soins. Si elle regne, c'est sur des sujets qui sçavent à chaque instant ce que le bien de leur société exige qu'ils fassent, & qui ne manquent pas de le faire. Ils n'ont jamais besoin de recevoir des ordres. Tout marche dans cet État, monarque & sujets, suivant la premiere institution, & ne s'en écarte jamais.

CLARICE. Il est bien aisé d'être souveraine à ce prix là. Je m'accommoderois assez d'un gouvernement qui ne seroit pas plus fatiguant. Puisque tout le monde fait nécessairement ce qu'il doit faire, il me paroît qu'il ne peut rester de soins à notre Reine que celui de se donner du bon tems.

EUGENE. Nous allons voir à présent si vous voudriez changer de condition avec elle, & prendre au même prix les rênes d'un empire. La seule fonction de la Reine, mais une fonction dont l'importance semble connue des autres Abeilles, & qui leur rend cette mere si précieuse, est de mettre au jour une nombreuse postérité : c'est à quoi elle paroît uniquement destinée, & le seul titre qui lui a mérité la royauté.

Clarice. C'est aussi le principal objet, & ce que l'on attend des Reines parmi tous les peuples.

Eugene. Il est vrai ; mais les vœux des peuples se réduisent à obtenir un héritier à l'empire. Parmi les Abeilles on exige beaucoup plus. Il faut qu'une Reine, qui veut mériter l'amour de ses sujets, fasse dix à douze mille enfans en sept semaines, & communément trente à quarante mille par an.

Clarice. Ho, ho ! vous avez raison de dire que l'honneur du trône coûte cher en ce pays-là.

Eugene. Cette prodigieuse fécondité est un article qui demandera une séance entiére, je vous en entretiendrai une autre fois : quant à présent, je me contenterai d'achever le portrait de la mere Abeille, & des deux autres ordres qui composent une Ruche. La Reine est aisée à distinguer des autres par la forme de son corps : elle est plus

Pl. I.
Fig. 3.

longue, & un peu moins grosse que les mâles; ses aîles sont très-courtes, proportionnellement à la longueur de son corps; au lieu que les aîles des Abeilles ordinaires, & celles des mâles couvrent tout le corps, les aîles de la femelle ne vont guéres plus loin que la moitié du sien, elles finissent vers le troisiéme anneau. *Ib. Fig. 5. Ib. Fig. 4.*

CLARICE. N'auriez-vous pas plutôt fait de me la montrer, puisque nous sommes vis-à-vis une Ruche?

EUGENE. Sans doute, si la chose étoit facile; mais c'est un hazard singulier, & des plus rares, que de rencontrer une mere Abeille. Beaucoup de gens de la campagne, qui font des récoltes de miel & de cire, n'en ont jamais vû, & mourront sans en voir. J'ai eu moi-même pendant plusieurs années une Ruche vîtrée, sans y avoir jamais apperçû la mere: ce n'étoit pas faute assurément de la bien chercher des yeux ; & je serois peut-être encore à la connoître, si je n'avois eu recours à des expédiens dont je vous rendrai compte un jour. Enfin la Reine est plus grande que les mâles; les mâles le sont plus que les ouvriéres ; ainsi la Reine est la plus grande personne de tout son royaume; elle joint à cet air majestueux une démarche grave & posée, beaucoup de douceur, une prodigieuse fécondité. C'est à quoi se réduisent toutes ces grandes qualités que vous lui soupçonniez ; à cela près, & quelques différences légères, dont le détail me paroît n'être pas de votre goût, elle ressemble assez, quant à l'extérieur, aux Abeilles Ouvriéres, elle a même comme elles un aiguillon.

CLARICE. Un aiguillon!

EUGENE. Oui, un aiguillon. C'est encore une erreur des Anciens de croire que le Roi, ou la Reine

Reine, (car ils étoient si mal instruits, qu'ils n'étoient pas même d'accord sur le sexe) n'étoit point pourvûe de cette arme offensive. La mère Abeille porte un aiguillon, qui ne diffère de celui des autres Abeilles qu'en ce qu'il est plus grand & un peu courbé; au lieu que les autres sont droits & moins grands. On lui trouve aussi la vessie qui fournit le venin que cet aiguillon introduit dans les chairs. J'ai eu la curiosité de mettre de ce venin sur ma langue, je vous avertis qu'il est brûlant & caustique. Il faut rendre justice à Aristote, & l'excepter du nombre des Anciens qui ont refusé un aiguillon à la Reine des Abeilles, il ne s'est trompé dans ce cas-ci que de moitié. Il convient que la mere Abeille est pourvue d'un aiguillon, mais il prétend qu'elle n'en est armée que pour la dignité, & qu'elle n'en fait aucun usage. Il est vrai

Tome I.   D

qu'elle est extrêmement pacifique, & que l'on peut la manier, la retourner, l'inquiéter même pendant quelque tems, avant qu'elle se détermine à la vengeance; mais enfin elle s'y détermine quand il le faut. Il n'a tenu qu'à moi ces jours derniers d'avoir l'honneur d'être piqué par une Reine; mais je jugeai à propos de m'en priver, croyant bien que l'expérience ne m'apprendroit rien de plus que ce que je voyois.

CLARICE. Vous n'êtes encore, Eugene, qu'un demi sçavant : ayant tâté du venin, vous deviez tâter de la piquûre : je suis en droit de ne vous point croire, jusqu'à ce que vous ayez été bien & profondément piqué.

EUGENE. Lorsque la présomption est toute entière pour l'affirmative, la négative n'est admise qu'après la preuve de la part de celui qui nie; ainsi je ne vous conseille pas de chicaner, mais de croire fermement que lorsqu'une reine Abeille fait tant que de prendre la peine de piquer quelque insolent qui se familiarise trop avec elle ; elle fait une plaie bien plus large & plus douloureuse que les autres, une plaie proportionnée à l'instrument qui la fait.

Clarice. C'est un caractère vraiment royal que celui d'être lent à punir, mais de le faire de façon que l'exemple soit capable d'effrayer les autres, & que le souvenir en puisse durer long-tems.

Eugene. Votre réflexion est juste : mais outre le sens moral que vous en tirez fort à propos ; il y a ici une raison physique bien essentielle, & qui demandoit que cela fût ainsi. C'est que tout le salut de la république dépend de la vie de cette Reine. Et comme il importoit qu'une vie aussi précieuse ne fût pas aussi souvent exposée que celle des Abeilles ordinaires, la Nature l'a pourvue d'un naturel pacifique qui l'expose moins qu'une autre, à se servir d'une arme dont l'effet est presque toujours fatal à celle qui offense, ou se venge; comme je vous l'expliquerai un autre jour. Passons maintenant aux Fauxbourdons, ou mâles, c'est-à-dire aux mille maris de cette unique Reine. On les appelle *Fauxbourdons*, pour les distinguer de certaines grosses Mouches qui sont plus communément connues sous le nom de *Bourdons*. On ne les trouve ordinairement dans les Ruches que depuis le commencement, ou le milieu du mois de Mai, jusques vers la fin de Juillet; leur nombre se multiplie tous les jours pendant cet intervalle, & n'est jamais plus grand que lorsque la Reine est en état de perpétuer l'espéce, & dans les jours qui précédent immédiatement celui où ils disparoîtront tous, & où presque tous, & en peu de jours, ils finiront leur vie par une mort violente.

Clarice. Comment ! par une mort violente ! Vous me faites frémir ; la mere Abeille seroit-elle personne à renouveller les affreuses nôces des Danaïdes ?

Eugene. C'est un de ces faits vrais & singuliers, comme vous en verrez plusieurs dans cette Histoire ; mais il n'est pas encore tems de vous en entretenir. Les Faux-bourdons, je crois vous l'avoir déja dit, sont moins grands que la Reine, & plus grands que les Abeilles ouvriéres. Comme nous sommes encore dans la saison propre pour en trouver facilement, voyons au travers de cette vître si nous n'en rencontrerons point.

Clarice. N'en seroit-ce pas là un ? *Pl. I. Fig. 4.*

Eugene. Vous avez raison, en

voilà même plusieurs qui se proménent assez négligemment. La vie de ces Fauxbourdons est bien différente de celle des autres Abeilles ; elle est conforme au seul emploi pour lequel ils sont destinés, à l'honneur d'être époux de la Reine, & peres d'un grand peuple ; cela demandoit assurément une distinction, aussi en ont-ils une très-grande. Excepté le seul moment où leurs services peuvent être essentiels à la Reine, ils sont exempts de tout travail ; vivre, est la seule chose qui leur reste à faire. Une vie si fainéante & si molle n'auroit pas pû supporter des alimens trop solides ; il ne leur en falloit que de délicats & d'une facile digestion ; ils ne se nourrissent effectivement que de miel : au lieu que les Abeilles ouvriéres mangent beaucoup de cire brute : celles-ci étant élevées plus durement, partent pour la campagne dès l'aurore, & ne rentrent point fans être chargées de cire & de miel pour le bien commun de la fociété. Les Fauxbourdons au contraire ne fortent que vers les onze heures du matin pour fe promener, prendre l'air & de légers repas; ils ne vont pas même loin, & rentrent exactement avant les fix heures du foir, tant ils craignent la fraîcheur & le ferein. Le port des armes n'eft pas fait pour des pareffeux & des voluptueux : il ne ferviroit qu'à les deshonorer ; il n'étoit donc point néceffaire que ces Fauxbourdons fuffent armés, auffi ne le font-ils point, ils n'ont point d'aiguillon. Quelqu'un, mais ce quelqu'un ne feroit affurément pas vous, Clarice, pourra être tenté de porter envie au bonheur des Fauxbourdons, à la douceur de leur vie, il auroit lieu de s'en repentir : nous verrons par la fuite que le terme d'une vie fi délicieufe eft bien voisin de son commencement, & qu'elle se termine presque toujours par une fin tragique.

Clarice. Tant mieux, c'est un exemple que je ne manquerai pas de proposer à mes enfans.

Eugene. Voilà le meilleur usage que l'on puisse faire des connoissances humaines, & on le peut souvent, c'est d'en tirer des instructions pour soi ou pour les autres. Les Fauxbourdons n'étant point nés pour faire la récolte de la cire, ni pour la mettre en usage, la Nature qui ne fait rien en vain, ne leur a point donné, comme aux autres Abeilles, certaines palettes qui leur servent de corbeille pour rapporter la cire à la Ruche, ni des dents saillantes, & propres par leur longueur à la paîtrir & à la façonner. Les dents des Fauxbourdons sont petites, plates & cachées; leur trompe est pareillement plus courte & plus déliée. Il y a encore quelques

quelques autres différences peu importantes dans les parties extérieures ; mais il y en a une qu'on ne peut passer sans y faire attention, c'est leurs yeux. Les yeux des mâles couvrent tout le dessus *Pl. II.* de la partie supérieure & postérieu- *Fig. 1.* re de la tête, pendant que ceux des Abeilles ordinaires forment simplement une espéce de bourrelet ovale de chaque côté. J'apperçois fort à propos au pied de la Ruche quelques Abeilles mortes, qui me serviront à vous faire voir ce que je ne pourrois pas vous expliquer assez clairement. En voici une. C'est justement un mâle. Voyez-vous ces deux gros yeux ? *Ib. Let.*

CLARICE. Ils sont prodigieux. Il A A. me paroît que les deux ensemble sont beaucoup plus gros que le reste de la tête.

EUGENE. Cela est vrai. Cette partie si essentielle à tout animal qui a besoin de se transporter d'un lieu dans un autre, a été, heureusement pour nous, examinée avec beaucoup de soin par d'habiles Philosophes, dans ces derniers tems. Il semble même qu'ils aient donné la préférence aux yeux des Mouches, à cause des singularités qu'ils y ont rencontrées, & qui leur sont communes à toutes, tant aux Mouches à miel, qu'aux autres espéces de Mouches. C'est pourquoi je m'étendrai un peu au long sur cet article ; & j'espere que vous y trouverez des découvertes qui vous feront autant & plus de plaisir que les pieds mignons des Chinoises.

CLARICE. J'entends raillerie, Eugene. Voyons seulement les raretés que vous avez à m'apprendre sur les yeux des Mouches.

EUGENE. Les Insectes n'ont peut-être aucune partie plus propre à nous faire voir avec quel prodigieux appareil la Nature les a formés, & à nous montrer en général combien elle a produit de merveilles qui nous échappent. Aussi ceux qui ont employé le plus de tems à étudier les Insectes au microscope, comme le P. Bonnani, Hook, Leuwenhoek, Puget, n'ont pas manqué d'observer ces yeux. Ceux des Mouches, des Scarabés, des Papillons, & de divers autres Insectes, ne différent en rien d'essentiel. Ces yeux sont tous à peu près des portions de sphère; leur enveloppe extérieure peut être regardée comme la cornée. On appelle *cornée*, l'enveloppe extérieure de tout œil, tant des nôtres que de ceux des autres animaux; c'est ce que vous toucheriez avec votre doigt, si vous vouliez toucher votre œil, les paupières restant ouvertes. Celle des Insectes dont nous parlons, a une sorte de luisant qui fait voir souvent des couleurs aussi variées que celles

E ij

de l'arc-en-ciel ; elle paroît aux yeux nuds, c'est-à-dire, qui ne font point aidés du microscope, unie comme une glace. Regardez cependant les yeux de cette Abeille morte avec ma Loupe, & dites-moi comme vous les voyez.

Clarice. Ils me paroissent taillés à facettes comme un diamant. Voilà un ouvrage véritablement admirable. Quel travail ! Quelle régularité ! Quelle main que celle qui fait de pareilles choses ! Le nombre de ces facettes est prodigieux, il est innombrable.

Eugene. Il a cependant été compté. Leuwenhoek a calculé qu'il y en avoit 3181. sur une seule cornée d'un Scarabé ; qu'il y en a plus de 8000. sur chacune de celles d'une Mouche : & M. Puget en a compté 17325. sur chaque cornée d'un Papillon ; & pour ne vous pas faire attendre plus long-tems après ce qu'il y a de plus merveilleux, c'est qu'on prétend que toutes ces facettes sont autant d'yeux ; de sorte qu'au lieu de deux yeux, que quelques-uns ont eu peine à accorder aux Papillons, nous devons leur en reconnoître 34650. 16000. aux Mouches, & aux autres plus ou moins, mais toujours dans un nombre aussi surprenant. Les expériences faites par ces Sçavans, prouvent incontestablement que chaque facette est un cryftallin, & que chaque cryftallin est accompagné de ce qui forme un œil complet. Voici une de leurs expériences. Ils ont détaché les cornées de divers Insectes : ils en ont tiré avec adresse toute la matiére qui y étoit renfermée, & après avoir bien nettoyé la surface intérieure, ils ont mis à la place une lentille de microscope. Cette cornée ainsi ajustée, & pointée vis-à-vis un soldat, faisoit voir une armée entière ; vis-à-vis une bougie

E iij

elle montroit une des plus riches illuminations que l'on pût voir. Leuwenhoek a poussé la dissection jusqu'à faire voir que chaque crystallin a son nerf optique.

Clarice. Je ne doute point de la sagacité, & de l'exactitude de vos Sçavans, & c'est cela même qui m'embarrasse. Quand une Abeille voit une violette, une anémône, elle voit donc plus de trente mille anémônes, ou violettes; comment cela ne l'embarrasse-t-il pas ? Comment peut-elle tomber sans hésiter sur la seule fleur qui soit réelle, toutes les autres n'étant qu'une illusion d'Optique.

Eugene. Vous avez deux yeux, & cependant lorsque vous me regardez, vous ne voyez pas deux Eugenes.

Clarice. Les Philosophes se sauvent par les comparaisons, lorsque les raisons leur manquent.

Eugene. Les Philosophes raisonnables ont encore une autre manière de se sauver, qui est souvent la mienne, c'est d'avouer leur ignorance. Nous ne sçavons pas trop bien comment nous voyons les objets simples, quoique nous les voyions avec deux yeux; mais le fait est constant, & je ne crois pas que vous en vouliez douter. De-là il est aisé de concevoir que les objets pourroient paroître simples aussi à des insectes qui auroient des milliers d'yeux. Il s'en faut pourtant bien qu'ils les voient avec tous les yeux à la fois; la figure convexe de leur cornée, ne permet aux rayons renvoyés par certains objets, de tomber que sur un petit nombre de cryſtallins. Malgré ces milliers d'yeux dont sont composés les deux orbites que nous regardons comme l'organe de la vûe des Insectes, la plûpart des Mouches en ont encore trois autres placés d'une maniére qui vous paroîtra bien extraordinaire. Ces trois yeux qui sont aussi des crystallins, mais lisses, & qui ne sont point taillés à facettes, sont beaucoup plus petits que les deux autres. Ils sont posés en triangle sur la tête, entre le crâne, & le col. Les voici sur cette Abeille, où vous pouvez les voir facilement avec ma loupe.

Pl. II. *Fig.* 1. & 2. lettres BBB.

CLARICE. Je les vois. Ils semblent n'être destinés qu'à regarder le Ciel.

EUGENE. Vous pouvez juger de-là qu'une Mouche qui marche sur un plan, doit voir de bien des côtés différens. Les différentes grosseurs des yeux dans le même Insecte, les différentes places accordées aux uns & aux autres, nous conduisent à soupçonner, avec quelque vraisemblance, que la nature a favorisé les Insectes d'yeux différemment conformés, d'yeux propres à différens usages; qu'elle leur en a donné pour voir les objets éloignés, & d'autres pour voir les objets qui sont plus près d'eux; qu'elle les a, pour ainsi dire, pourvûs de Microscopes & de Télescopes. Prenons un exemple: une Abeille qui travaille à construire un Alvéole, & à disposer ses angles suivant les dimensions les plus géométriques, doit avoir l'œil bien près de son objet. Vous ne verriez plus rien, s'il vous falloit regarder d'aussi près que regarde une Abeille; son œil devoit donc être conformé autrement que les nôtres, & ajusté pour voir les objets non-seulement de fort près, mais aussi dans les ténèbres d'une Ruche. L'Abeille devoit voir aussi de fort loin. Car elle s'écarte quelquefois d'une lieüe de sa Ruche, & y retourne sans hésiter, ni sans crainte de s'égarer. Enfin, si nous voyons aux mêmes Insectes plusieurs globes d'yeux, qui diffèrent entre eux considérablement en grosseur & même en figure, n'en devons-nous pas conclure que ces globes renferment des yeux dont les fonctions sont différentes. Et en quoi peuvent différer celles des yeux, qu'en faisant voir des objets proches, ou des objets éloignés, en représentant leur grandeur dans la proportion qu'elle a avec le corps de l'Insecte, ou en représentant leur grandeur augmentée, ou diminuée. Une singularité qui ne doit pas échapper, & que l'on rencontre sur la plûpart de ces yeux à facettes, c'est qu'ils sont couverts de poils. Quand on regarde ceux des Abeilles avec une forte Loupe, on les trouve de même chargés de poils qui peuvent nous paroître assés mal placés. Il seroit raisonnable de croire que ces poils peuvent empêcher les rayons de lumiére de rencontrer les facettes; mais il faut remarquer qu'ils font droits, & non point couchés, & que par ce moyen il n'y a que les rayons qui viennent dans certaines directions, qui puissent parvenir sur chaque facette : d'ailleurs ils peuvent détourner une trop grande quantité de rayons inutiles qui ne serviroient qu'à embarrasser la vûe, & dans ce cas ils auroient le même usage que les cils de nos yeux.

Clarice. Après tant de découvertes & de recherches si subtiles, je me ferois un scrupule de vous faire une de ces objections que j'ai oüi dire être assommante entre Philosophes qui disputent sur les bancs.

Eugene. Quand il s'agit, Clarice, d'aller au vrai, il ne faut ni scrupules ni ménagemens. Proposez hardiment vos difficultés, assommez-moi si vous pouvez.

CLARICE. Puisque vous le prenez, Eugene, sur ce ton d'assûrance, je vous nie tout net l'existence de ces yeux, & je vous soutiens que vous prenez pour les organes de la vûe, des organes destinés à d'autres usages; que les yeux sont ailleurs, par exemple, au bout de leurs cornes, comme ils sont au bout des cornes du Limaçon.

EUGENE. Quelques Philosophes, & M. de la Hire entre autres, ont eu l'honneur d'être de votre sentiment. Celui-ci ne vouloit pas reconnoître pour des yeux ces globes taillés à facettes. Mais voici quelques expériences ausquelles je crois que vous vous rendrez, comme il s'y seroit rendu lui-même, s'il les avoit connues. Hook rapporte dans sa Micrographie, qu'il a crevé les yeux à quelques Mouches, & qu'elles se sont conduites en aveugles. Swammer-

DES ABEILLES. 61

dam a eu recours à un moyen plus doux, & aussi sûr; il a enduit de noir détrempé à l'huile les yeux de certaines Mouches: il a observé que dans cet état elles voloient à l'aventure, qu'elles étoient comme imbéciles, que lorsqu'elles étoient posées quelque part, elles ne fuyoient point la main qui les vouloit prendre. J'ai fait aussi moi-même cette expérience sur les yeux à réseau ou à facettes de plusieurs Abeilles, toutes prises dans la même Ruche. Je leur ai étendu sur les yeux une couche de vernis opaque; je les ai renfermées dans un poudrier avec quelques-unes de leurs compagnes, auxquelles je n'avois pas touché. Je n'étois qu'à huit ou dix pas de la Ruche dont les Abeilles avoient été tirées. Lorsque j'ôtois le couvercle du poudrier, celles qui avoient les yeux nets, prenoient sur le champ l'essor, & se rendoient à leur habitation. Celles dont les yeux étoient vernis, n'avoient aucun empreffement à fortir du poudrier; elles avoient peine à fe déterminer à voler, & la plûpart dirigeoient leur vol indifféremment, de différens côtés, & n'alloient pas loin. Pour en déterminer quelques-unes à prendre un plus grand effor, je les jettois en l'air, elles s'y élevoient verticalement à perte de vûe, je ne fçavois ce qu'elles devenoient. On a imaginé une efpéce de chaffe aux Corneilles affez plaifante. On fait des trous en terre, au milieu d'un champ : on met dans ces trous des cornets de papier enduis de glu par dedans, & un apas au fond du cornet. La Corneille qui du haut de l'air voit un morceau de chair vermeil & friand à fon goût, tombe deffus, & fe fait une coëffe du cornet englué, & une coëffe d'autant plus incommode, qu'elle lui couvre les yeux, & qu'elle ne sçait point s'en débarrasser: ainsi affublée, elle s'éléve en l'air à perte de vûe, & on assûre qu'elle s'éléve jusqu'à ce qu'elle tombe sans force, & presque morte. Mes Abeilles, dont les yeux étoient vernis, me représentoient en petit une image de cette chasse aux Corneilles. Non-seulement celles que je jettois en l'air, mais toutes celles qui plus vives, & plus inquiétes que les autres, prenoient, en partant, un vol un peu élevé, ne manquoient pas de monter en l'air de plus en plus, jusqu'à y disparoître à mes yeux ; & aucune n'a paru reconnoître le chemin pour aller à sa Ruche. J'ai voulu sçavoir aussi ce qui arriveroit si je bouchois les trois petits yeux lisses qu'elles ont sur la tête ; je les ai vernissés de même que les yeux à facettes, à plusieurs Abeilles ; je les ai mises aussi en liberté à trois ou quatre pas de leur Ruche : aucune n'a sçu la trouver, ni n'a paru la chercher. Elles ont volé de tous côtés sur les plantes, & n'ont pas volé loin. Je n'en ai point vû de celles-ci qui se soient élevées en l'air, comme s'y élèvent celles qui n'ont que les gros yeux vernissés. Il leur arrive aussi quelquefois de s'aveugler elles-mêmes. J'ai vû souvent des Abeilles qui voloient en pirouettant auprès de la surface de la terre : elles ne faisoient que tournoyer, comme si elles eussent été folles. Sans doute que ces mouvemens provenoient de la poudre, qui s'étoit attachée aux poils de leurs yeux à réseau, car ces Abeilles paroissoient toutes poudreuses. Jugez-vous, Clarice, qu'il y en ait assez de toutes ces expériences pour répondre suffisamment à votre assommante négative ?

CLARICE.

CLARICE. Croyez-vous, Eugene, me faire votre cour, quand vous me réduirez au point de ne pouvoir vous contredire ? Je vous avertis que si vous continuez d'avoir toujours raison, vous pousserez la mienne à bout.

EUGENE. Vous vous sauvez par la plaisanterie, comme je me sauvois tout-à-l'heure par les comparaisons. Je vous ai décrit la Mere Abeille, les Mâles, ou Fauxbourdons, il me reste à vous faire connoître les Abeilles Ouvriéres. Nous n'aurons pas trop pour cela d'un Entretien entier. Ce sera, si vous le voulez, la matiére du premier que nous aurons ensemble.

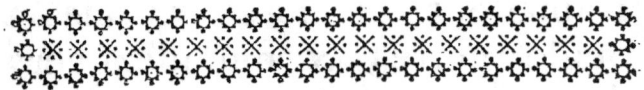

III. ENTRETIEN.

Des Abeilles Ouvriéres.

EUGENE. J'AI à vous entretenir aujourd'hui, Clarice, des Abeilles Ouvriéres, de ces Abeilles qui font chargées de tout le détail d'une Ruche ; d'aller à la récolte du miel & de la cire ; de fabriquer, façonner, & mettre la cire en œuvre ; d'en conftruire les Alvéoles ; de nourrir les petits ; de tenir la Ruche propre ; d'en chaffer les étrangers, & de tous les autres foins, dont nous parlerons, à mefure que l'occafion fe préfentera. Je ne vous parlerai préfentement que de leurs parties extérieures ; & pour ménager votre délicateffe ennemie des grands détails, il ne fera queftion que des parties qui ont des ufages connus ou finguliers.

Ramaſſons premiérement une Abeille morte, & muniſſez-vous de ma Loupe, pour la conſidérer. Ce que l'on voit par ſes yeux, touche & frappe plus que ce que l'on ne fait qu'entendre. Conſidérez d'abord la tête; elle vous paroît triangulaire; vous allez reconnoître que la pointe de ce triangle eſt formée par la rencontre de deux dents longues, ſaillantes, & mobiles. Ordinairement elles ſont croiſées dans les Abeilles mortes; elles n'ont point changé de ſituation dans celle-ci. Leur ſubſtance eſt écailleuſe, & par conſéquent très-ſolide. Quand vous entendez parler de dents, il ne ſe préſente à vous d'autre idée, que celle d'inſtrumens propres à broyer, ou à hacher des alimens. Parmi les Abeilles, c'eſt le moins noble de leur emploi: elles ſont des inſtrumens au moyen deſquels elles exécutent les ouvrages les

Pl. II. *Fig.* 4. *& Pl.* III. *Fig.* 5. *lettr.* A A. *& Pl.* IV. *Fig.* 2. *let.* A A.

plus dignes d'être admirés. C'est ce que je vous ferai connoître, quand nous en ferons à la construction des Alvéoles. Ces deux dents qui vous paroissent des lames plattes, ne sont rien moins que plattes; écartez-les l'une de l'autre, avec la pointe d'une épingle, vous connoîtrez qu'elles sont comme des espéces de cuilliéres, dont la concavité est en dedans. Le contour extérieur de cette cavité vous paroît bordé de poil. Je vous dirai dans un moment l'usage de ces dents concaves.

Pl. II.
Fig. 5.

CLARICE. Je vois parfaitement tout ce que vous me dites. Ces deux dents ont l'air d'une pince, assez forte & tranchante, telle qu'en ont les Insectes voraces.

EUGENE. Nos Abeilles ne sont cependant point carnaciéres; il y a même plus, c'est que ces deux dents ne sont point dans la bouche, ou pour mieux dire, la bouche est ailleurs. Je vous la ferai voir à son tour. Il faut que je vous fasse connoître auparavant les poumons de l'Abeille.

Clarice. Vous vous jettez bien vîte dans l'intérieur de l'animal. Nous devons, ce me semble, avoir bien des parties extérieures à examiner auparavant.

Eugene. Les poumons sont des parties extérieures dans tous les Insectes. La façon de respirer de ces animaux est si différente de la nôtre, qu'elle mérite que nous nous y arrêtions un peu. Levez, Clarice, les deux aîles du même côté que vous tenez ; vous trouverez auprès de l'origine de l'aîle de dessous, en tirant vers l'estomac, une ouverture ressemblante à une bouche.

Pl. II.
Fig. 6.
lett. A.

Clarice. Je la vois.

Eugene. C'est l'ouverture d'un des poumons. Que ce terme ne vous fasse point illusion, il n'y a rien qui reſſemble moins à nos poumons, par la forme, que ceux des Inſectes; mais l'uſage en étant le même, par rapport à la reſpiration, & ne s'agiſſant ici que de reſpiration, je crois qu'il nous ſera plus commode de nous ſervir d'un terme connu & uſité. Il y en a un autre plus haut, caché par la premiére jambe, & deux pareils du côté oppoſé, ce qui fait quatre poumons ſur le corcelet; (nous appellons *Corcelet*, dans les Inſectes, ce que dans les autres animaux on appelle *Poitrine*) ſans compter douze autres qui ſont diſtribués de part & d'autre, ſur les ſix anneaux du corps. Tous les Inſectes en général ont de pareils organes de la reſpiration; la différence n'eſt que dans le nombre, & dans les places qu'ils occupent. Le Ver à ſoie, & les autres Inſectes de ſon eſpéce en ont dix-huit, la Courtilliére en a vingt-

Les *Mémoires pour servir à l'Histoire des Insectes*, décrivent plusieurs espéces de Vers qui portent leurs poumons au bout d'une corne.

CLARICE. Les poumons au bout d'une corne ? Quelle bizarrerie ! Cela me rappelle ce que vous me disiez ces jours derniers, qu'on avoit vû un enfant, lequel étoit venu au monde avec le cœur hors de la poitrine, pendu comme une médaille devant son estomac.

EUGENE. L'ordre naturel avoit été dérangé dans cet enfant, il étoit monstrueux, & l'Insecte dont nous parlons, seroit pareillement un monstre, s'il avoit les poumons dans la poitrine. La Nature a sçu tout mettre dans sa vraie place; ces ouvertures, ou poumons, s'appellent *Stigmates*, & de ces stigmates, partent en dedans du corps une infinité de petits canaux formés d'une fibre argentine, roulée sur elle-même, en forme de tire-bourre.

tire-bourre. Ces canaux se ramifient prodigieusement, & portent l'air dans toutes les parties du corps de l'animal. Nous rendons l'air par le même canal par lequel nous respirons ; les Insectes au contraire, tirent l'air par les stigmates, & le rendent par les pores de la peau. Il suffit de boucher ces ouvertures avec de l'huile, vous faites périr l'animal, parce que vous le privez de la respiration. C'est ce qui fait dire que l'huile est mortelle aux Insectes. Passons à d'autres parties. Tiraillez un peu la tête de votre Abeille, vous verrez qu'elle tient à la poitrine, ou corcelet, par un col très-court, & ce corcelet tient au corps par un filet très-mince. Le corps est tout couvert de six grandes piéces écailleuses, qui portent en recouvrement l'une sur l'autre, & forment six anneaux, qui laissent au corps toute sa souplesse, & le garantis- Pl. III. Fig. 3.

sent en même-tems des coups meurtriers, qu'il pourroit recevoir du dehors. Enfin, elles sont cuirassées, comme étoient nos anciens guerriers, du tems qu'on faisoit la guerre avec des fléches & des frondes.

Clarice. Je crois cependant qu'elles n'ont guéres à craindre de pareils accidens.

Eugene. Ne vous prévenez pas d'une trop bonne opinion pour nos Abeilles. Elles ont sans doute des parties admirables, mais elles en ont aussi qui vous paroîtront si éloignées de ce que nous appellons *la Raison*, & si conformes à l'abus que nous avons coutume d'en faire, que vous serez souvent tentée de les blâmer. Elles ont fréquemment des querelles entre elles, & ces querelles vont jusqu'à des combats de seule à seule, de plusieurs contre plusieurs. Ainsi, il étoit nécessaire qu'elles fuffent armées en guerre, tant pour la défenfive, que pour l'offenfive. Vous en verrez des preuves en fon tems ; achevons notre defcription. Les antennes, font ces deux efpéces de cornes mobiles & articulées, au bout defquelles vous vouliez placer les yeux de l'Abeille. Prefque tous les Infectes ont de pareilles cornes, dont l'ufage eft inconnu.

Pl. II.
Fig. 1.
2. & 3.
let. D D.

CLARICE. Il faut donc que je vous l'apprenne, car je me fuis quelquefois mêlée d'obferver, & de raifonner fur ce que je voyois. Ces cornes font certainement l'organe du tact, ou du goût. Choififfez.

EUGENE. Si ce n'étoit ni l'un, ni l'autre.

CLARICE. Que voulez-vous donc que ce foit ?

EUGENE. C'eft juftement ce qui eft inconnu. C'eft, peut-être, l'organe d'un fixiéme fens, dont nous

G ij

n'avons nulle idée. Mais paſſons à des choſes plus aiſées à connoître. La ſeconde & la troiſiéme paire de jambes de l'Abeille ont une partie que nous appellons *la* *Broſſe.* La voilà. Cette partie eſt quarrée, ſa ſurface extérieure eſt raſe & liſſe; ſa face intérieure eſt plus chargée de poils que nos broſſes; ils y ſont rangés de même. Si l'on conſidère avec quelque attention une Abeille poſée ſur une fleur, on reconnoît aiſément l'uſage qu'elle fait de ſes broſſes. Comme les dents & les broſſes ſont des inſtrumens donnés à l'Abeille pour la récolte de la matiére à cire, je vous décrirai un peu au long, ce que c'eſt que cette matiére à cire, & les inſtrumens avec leſquels on la ramaſſe. Je vois d'ici un Lys épanoüi, que je vais cueillir, pour m'expliquer plus facilement. Vous voyez s'élever du milieu de ce Lys, des fi-

Pl. II.
Fig. 7.
& 8.
let. A A.

lets surmontés d'une partie massi- ve, qui pose sur leur extrémi- té supérieure, & les croise en leur donnant la forme d'un petit mar- teau. Ces filets ont été nommés *Pl. III.* par les Botanistes, les *Etamines de* *Fig 1.* *la fleur*, & ce petit marteau le *Som-* *lettres* *met*. Il n'a pas par-tout la même A A A. forme que vous lui voyez ici; il n'est quelquefois qu'une capsule qui renferme une poussiére, & en d'autres tems il porte sa poussiére en dehors, & cette poussiére res- te aux doigts de ceux qui les ma- nient, comme dans le Lys. C'est-là la vraie matiére à cire; c'est plus, c'est la cire elle-même, mais bru- te. Je ferai encore un écart à pro- pos de ces étamines. Je ne puis lais- ser échapper l'occasion de vous ap- prendre un secret de la Nature, que les nouveaux Physiciens prétend- ent lui avoir dérobé. Vous voyez au milieu de ces filets une autre partie qui s'éléve comme eux, &

G iij

qui se termine par une espéce de bouton ; on l'appelle le *Pistile*. Ils prétendent que le pistile est la partie féminine, & que les étamines sont la partie mâle ; que les deux sexes sont rassemblés au milieu de la fleur ; que les plantes sont hermaphrodites ; que les poussiéres des étamines tombant sur ce pistile, servent à féconder la graine ; que toute graine qui n'a pas été vivifiée par ces poussiéres, reste stérile. Ce systême de la génération des plantes a été poussé loin. Quelque inanimées qu'elles nous paroissent, elles ont leurs amours, qui n'ont point échappé à la sagacité des Observateurs. Cette poussiére donc, qui tombe des étamines des fleurs, est la seule & unique matiére dont soit faite la cire ; c'est ce que j'appellerai par la suite, *Cire brute*. Les grains qui composent cette poussiére, n'ont point des figures formées au hazard, comme les corps écrasés, ou broyés. Dans chaque genre de fleur ces grains ont une figure déterminée ; ils sont faits communément en boule, ou bien en boule allongée ; ils ont aussi quelquefois des figures très-singuliéres. L'Abeille qui veut ramasser cette poussiére ou cire brute, entre dans une fleur bien épanoüie, dont les étamines sont chargées de poussiéres qui y tiennent peu. Alors les poils dont elle est hérissée, frottent, & se chargent de cette poussiére; l'Abeille en sort toute poudrée, elle a la couleur des poussiéres dont elle est couverte ; elle est quelquefois jaune, quelquefois rouge, quelquefois d'un blanc jaunâtre, suivant la couleur des étamines. Si ces poussiéres sont renfermées dans des capsules, ou boëtes, comme elles le sont dans plusieurs fleurs, c'est alors que l'Abeille emploie ces dents saillantes

G iiij

que je vous ai fait voir, pour couper la capsule, & en faire sortir cette poudre précieuse, dont elle couvre à l'instant tous ses poils. Quoiqu'il y ait quantité d'Abeilles qui, quand elles arrivent à la Ruche, ont leurs poils pleins de cette sorte de poussiére; il y en a bien davantage, qui, avant que de songer à y retourner, ont eu soin de s'en nettoyer, & de se brosser. Je ne sçaurois vous dire ce qui les détermine à se brosser en chemin, ou à attendre qu'elles soient de retour à la Ruche pour le faire; mais je puis vous dire qu'il est curieux de leur voir faire ce petit manége. Il y a un tems assez commode pour cela, c'est vers la fin de l'hyver, où elles sont foibles, & peu animées; car dans les tems où la chaleur leur a rendu leur vivacité, on ne peut plus suivre le mouvement de leurs pattes; il est aussi prompt que celui des doigts d'un habile Musicien qui touche légérement un violon, ou un clavessin. Elles ont, comme je vous l'ai déja fait voir, quatre brosses à leurs quatre jambes postérieures. Elles en ont sur-tout deux très-grandes aux deux derniéres jambes. Il est aisé d'imaginer comment la Mouche en passant & repassant ses différentes brosses sur toutes les parties de son corps, peut en ôter la poussiére qui s'y est arrêtée. Quand je dis ôter, ce n'est pas comme nous ôtons celle de nos habits en la faisant tomber: cette matiére est d'un trop grand prix pour l'Abeille; elle la ramasse en la brossant, & la roule en petite masse. J'ai eu quelquefois un fort grand plaisir, de voir les jambes de devant, transporter à celles du milieu ces petites masses, & celles-ci les placer, & les empiler sur la palette triangulaire des derniéres jambes. Cette palette,

Pl. II.
Fig. 7. 8.
let. A A.
Ib. Fig.
8.
let. A.

dont je vous ai déja parlé, en vous disant que la Reine Abeille & les mâles en ont été privés, parce qu'ils ne sont point destinés à recueillir la cire, mérite assurément de n'être pas oubliée. L'Abeille a six jambes, lesquelles sont toutes composées de cinq piéces, *Pl.* II. articulées comme nos bras ; ce qui *Fig.* 7. leur permet un grand nombre de mouvemens variés. Les premiéres piéces sont très-fournies de poils, & ces poils sont faits comme des feuilles d'arbre, pour être plus propres apparemment à ramasser les poussiéres des fleurs. Mais la troisiéme piéce dans chaque jambe de la troisiéme paire, *Pl.* II. est celle que nous nommons *pa-* *Fig.* 7. *lette triangulaire*. Ces deux mots *let.* B. désignent sa figure & son usage. Vous la pouvez voir fort distinctement avec ma Loupe. Vous verrez aussi que la même piéce dans la seconde paire des jambes, est plus courte, plus étroite & moins triangulaire, & que dans la premiére paire elle n'a plus rien de cette forme. La face extérieure de cette palette triangulaire de la troisiéme paire des jambes, est lisse & luisante; des poils s'élévent au dessus de ses bords: comme ils sont droits, roides, serrés, & qu'ils l'environnent, ils forment avec cette surface une façon de corbeille. C'est-là que l'Abeille entasse de petites masses de matiére à cire, & en forme une pelotte, qui est quelquefois aussi grosse qu'un grain de poivre. Les deux jambes postérieures étant munies chacune d'une pareille pelotte, l'Abeille revient au gîte avec sa charge de butin. En nous baissant un peu, & regardant à la porte de la Ruche, nous ne pouvons pas manquer d'en voir.

Pl. III. Fig. 3. let. A A.

CLARICE. J'en vois effectivement beaucoup qui reviennent

ainsi chargées, mais elles ne le sont pas toutes également ; il y en a apparemment qui sont meilleures ouvriéres les unes que les autres.

Eugene. Cela est vrai : mais il faut dire aussi que la Fortune se mêle quelquefois de leurs affaires; que les unes peuvent trouver des plantes mieux fournies de poussiéres que les autres. Lorsque nos Flibustiers partoient pour la course, ils n'en revenoient pas tous avec un égal butin ; les Abeilles sont sujettes, comme nous, au caprice du hazard.

Clarice. Ce qui me charme, c'est la diligence avec laquelle je vois ces petites bêtes rapporter leur proie. Il me semble que je remarque une joie plus grande dans celles qui sont les mieux chargées. De pareilles ouvriéres méritent assurément de vivre.

Eugene. Elles sont à même. L'Auteur de leur être a pourvû à leurs besoins d'une façon bien privilégiée. Une comparaison vous en fera voir tout l'avantage. Si nos Moissonneurs trouvoient dans le champ même où ils moissonnent, & au pied des herbes qu'ils coupent, des sources d'une eau fraîche, sucrée, délicieuse, & capable de les rassasier aussi-bien que de les désaltérer, leur condition ne seroit pas si à plaindre qu'elle l'est souvent. Nos Abeilles sont dans le cas de la supposition : elles trouvent le miel au pied de ces filets chargés des poussiéres dont elles vont faire la récolte. C'est donc encore sur les fleurs que les Abeilles puisent le miel, comme elles y ramassent la cire. Un Auteur moderne a observé que les fleurs ont des espéces de vessies, ou plutôt des glandes qui sont des réservoirs d'une liqueur miellée. Ces glandes sont placées différemment dans différentes fleurs ; mais les Abeilles sçavent bien les trouver.

Clarice. Je vous dirai bien où elles font, car je me fouviens que le hazard, qui fe mêle auffi de mes affaires, me fit obferver un jour une Mouche à miel travaillant fur une fleur. Je lui vis très-diftinctement plonger fa trompe au fond du calice, & la tenir quelque tems piquée dans l'extrémité inférieure d'une des feuilles colorées qui compofent la fleur.

Eugene. On appelle en termes de Botanique ces feuilles, des *Pétales*.

Clarice. Pétales, foit. Il me fembla même la voir pomper. Mais je ne me fouviens plus fur quelle efpéce de plante elle étoit.

Eugene. Au pomper près, car elles ne pompent point, l'obfervation eft bonne. Parlons de la trompe, puifque le difcours nous y a conduit. Il faut d'abord vous prévenir contre le préjugé commun, en vous avertissant que la trompe & la bouche sont deux parties différentes, & séparées l'une de l'autre.

Clarice. C'est donc comme dans l'Eléphant.

Eugene. A peu près. L'usage de cette trompe n'est pas seulement pour se procurer un aliment nécessaire, mais elle est de plus employée par ces Mouches à faire une récolte que nous nous approprions, comme si elle eût été faite pour nous.

Clarice. Vous voulez sans doute parler du miel. Je crois que nous avons des droits assez bien fondés sur ce miel, aussi-bien que sur la cire.

Eugene. Comme sur la laine des Moutons, c'est pure usurpation de notre part.

Clarice. Ho pour le coup, Eugene, je vous prends en défaut, j'aurai donc raison cette fois-ci, & vous aurez tort. Répondez-moi.

Qui est-ce qui a labouré cette terre ? Qui est-ce qui a semé ces champs de bled, de pavots, de sainfoins, sont-ce les Abeilles ? Qui est-ce qui a émaillé mon parterre de tant de belles fleurs ? Qui est-ce qui arrose, façonne & travaille, pendant la plus grande ardeur du jour, ce potager qui nous donne de si douces espérances ? Sont-ce les Abeilles ? Hé, vous prétendez qu'elles pourront venir impunément enlever les poussiéres des étamines de mes fleurs, sans me dédommager ? Et si ces poussiéres sont nécessaires, comme vous le dites, pour la fécondation des graines, doutez-vous qu'en me les enlevant, elles ne me fassent pas du tort ? Combien de mes graines ont-elles rendues infécondes, pour faire une pelotte de cire de la grosseur d'un grain de poivre ? Ce peu de cire me coûte peut-être un boisseau de bled, ou une douzaine

zaine de mes plus belles pêches. C'est bien justice qu'elles me rendent le loyer de ce que je fais pour elles, & de ce que je leur donne à vivre. Tout ce que je puis faire en votre considération, & pour ne les pas trouver elles-mêmes dans le cas de l'usurpation, c'est de les regarder comme des Fermiéres, avec lesquelles j'ai fait un bail à moitié fruits.

Eugene. Je ne m'attendois pas, Clarice, à cette saillie. Je suis intéressé aussi-bien que vous, à ne pas trop approfondir ce titre de propriété, ainsi nous n'aurons point de querelle à ce sujet ; reprenons notre texte. Je m'en vais donc vous décrire la trompe de vos Fermiéres ; mettons d'abord une trompe sous vos yeux, & armez-vous de la Loupe. En tenant la Mouche de ce biais, vous voyez premiére- *Pl.* III. ment, un des deux gros yeux à fa- *Fig.* 4. cettes. Au haut sont les deux dents *let.* A.

Let. BB. saillantes, & du dessus de ces deux dents vous voyez descendre la
Let. C. trompe appliquée contre le dessous de la tête. Elle vous paroît sans doute, comme à moi, une lame assez épaisse, très-luisante, & de couleur châtain. Je vais présentement tirer la trompe avec une petite pincette, afin que vous la voyiez dans toute sa véritable lon-
Pl. IV. gueur. Vous pouvez reconnoître
Fig. 2. à présent qu'il n'y avoit que la
let. B. F. moitié de la trompe en évidence, & qu'elle étoit pliée en deux parties, dont l'une cachoit l'autre. La partie cachée commence à l'endroit que vous montre la pointe
let. B. de mon épingle, & finit au bas de
let. C. la tête. Cette situation où nous avons mis la trompe, me facilite le moyen de vous faire voir deux parties bien essentielles qui étoient inconnues avant l'Auteur des *Mémoires pour servir à l'Histoire des Insectes*. La premiére est cette ouver-

ture que vous pouvez voir à l'origine de la trompe, c'est la bouche. *let.* D.
La seconde, qui est au-dessus, & qui vous paroît comme un mammelon charnu, c'est la langue. Revenons à la trompe. Lorsqu'elle est en place, & pliée comme elle l'est dans l'Abeille qui n'en fait point usage, & telle qu'elle s'est présentée d'abord à vous, ce n'est point la trompe que vous avez vû, ce n'en sont que les étuis, la trompe y est enfermée. Il seroit dans l'ordre de vous la développer, & de vous en faire connoître toutes les parties ; mais vous m'avez défendu si expressément tous les détails sçavans, qu'il ne me reste de ressource qu'à vous exhorter de les lire dans le Livre dont je vous fais l'extrait. Si vous venez à bout de prendre cela sur votre paresse, vous ne pouvez certainement refuser votre admiration & votre reconnoissance, pour celui qui nous

let. E.

Pl. III. *Fig.* 4. *let.* C.

H ij

a développé, avec une fagacité fi prodigieufe, tous les refforts de cette étonnante machine. Vous y verrez la defcription de plus de vingt des parties qui la compofent, & une anatomie prefque complette de cet admirable organe. Enfin vous croirez, en la lifant, voir un Horloger qui décompofe une montre qu'il a faite lui-même, qui vous en étale toutes les piéces, vous fait voir leur accord, leur engrénure, leurs ufages, le jeu des refforts, des balanciers, les pivots, les piliers, car tout cela fe trouve dans la trompe d'une Abeille. J'ai vû autrefois un tableau qui conviendroit autant & mieux à notre Auteur, qu'à celui qu'il repréfentoit. Ariftote y étoit peint, la plume à la main, devant une table : vis-à-vis étoit la Nature perfonifiée, lui parlant, l'inftruifant, levant fon voile, comme pour lui permettre de la voir, & de la décrire,

CLARICE. Si vous retrouvez ce tableau, j'en retiens une copie.

EUGENE. Quand j'en devrois faire faire un original, vous l'aurez. Je n'ai plus qu'un mot à vous dire de cette trompe, c'est qu'elle n'est pas un canal percé d'un bout à l'autre, comme on l'a cru jusqu'à présent : elle n'est point non plus un canal qui contienne un corps de pompe propre à succer & tirer le miel; elle est une espéce de langue qui agit comme celle des animaux qui lapent : elle se plonge & se couche dans la liqueur miellée, pour la faire passer sur sa surface extérieure; cette surface, avec les étuis de la trompe, forment ensemble un canal par lequel le miel est conduit; mais c'est la trompe seule, qui étant un corps musculeux, force par ses différentes inflexions & mouvemens vermiculaires, la liqueur d'aller en avant, & qui la pousse vers le gosier. Nous pouvons mettre l'aiguillon des Abeilles au rang des parties extérieures. Quoiqu'il soit bien caché quand l'animal n'en veut faire aucun usage, il ne paroît que trop souvent au dehors, lorsque la vengeance & la colère le met en action. Donnons-nous le plaisir d'en voir un de nos yeux. Je m'en vais saisir une Abeille vivante ; en voici une, prenez-la par le corcelet.

CLARICE. Je suis votre servante ; si elle étoit morte, à la bonne heure ; mais vive comme elle est, & moi mal-à-droite comme je suis, je m'en garderai bien ; tenez-la vous-même, mettez-la dans la disposition que vous jugerez la plus commode ; faites-vous piquer, poignarder, si cela vous plaît, je serai spectatrice compatissante ; mais je ne prétends pas être exposée aux coups.

EUGENE. Les Dames sçavent

qu'un peu de poltronerie ne leur méſied point; c'eſt un avantage qu'elles ne négligent pas dans l'occaſion.

Clarice. Je n'ai jamais oui dire que la vertu des Céſars & des A-lexandres fût la partie brillante des Philoſophes.

Eugene. La réplique eſt vive. La ſuite me pourra fournir quelque occaſion d'y répondre; mais je ſuis d'avis d'expédier auparavant ce que j'ai à vous dire ſur l'aiguillon de l'Abeille. Vous voyez, Clarice, qu'en tenant, comme je fais, cette Abeille entre mes deux doigts, je n'ai rien à en appréhender: elle a la liberté de darder ſon aiguillon, elle ne s'y épargne pas, mais elle a beau ſe tourmenter, contourner ſon corps de tous les ſens, elle ne tirera que des coups en l'air. Regardez-la faire avec cette Loupe.

Clarice. Voilà une image par-

96 HISTOIRE NATURELLE
faite de la colère & de la fureur.

EUGENE. Il faut préfentement vous faire voir cet aiguillon en repos. Il ne faut pour cela que le forcer de fortir & de fe montrer en entier, en preffant le derriére de l'Abeille. Le voilà accompagné de deux corps blancs, qui forment enfemble une efpéce de boëte, dans laquelle l'inftrument eft logé, lorfqu'il eft dans le corps, afin qu'il ne puiffe nuire aux parties intérieures de l'animal. Ce petit dard qui vous paroît fi délié, eft cependant un tuyau creux d'un bout à l'autre; je vais vous en convaincre. Remarquez que je le preffe vers fa bafe, & vous pouvez voir qu'en le preffant, je fais monter vers la pointe une goutelette d'une liqueur extrêmement tranfparente; je l'ôte cette goutelette, en voilà une autre qui lui fuccéde. Vous vous doutez bien que c'eft-là cette liqueur fatale qui empoifonne

Pl. IV.
Fig. I.
let. A.
let. B B.

les

les plaies que fait l'aiguillon. Tout fin que soit cet instrument, il n'est pas si simple que l'on pourroit croire. Cette pointe sur laquelle vous avez vû la goutelette arriver, n'est pointe que pour nos yeux ; elle est réellement mousse, & fait l'extrémité d'un canal que nous avons appellé jusqu'à présent l'aiguillon : mais il est tems de nous détromper ; ce canal n'est point l'aiguillon, il n'en est que l'étui ; le véritable aiguillon est dedans : c'est par l'extrémité de cet étui qu'il sort, & qu'il est dardé en même tems que la liqueur empoisonnée. Allons de merveilles en merveilles. Cet aiguillon si prodigieusement délié, n'est point unique, il est double ; je veux dire qu'il y en a deux accolés, qui jouent en même tems, ou séparément, au gré de l'Abeille. Ils sont de matiére de corne, ou d'écaille. Enfin pour achever de vous effrayer, leur ex-

Tome I.   I

trémité est taillée en scie, dont les dents sont tournées dans le sens d'un fer de fléche, qui entre aisément, & ne peut plus sortir sans faire des déchirures terribles. Il y a quinze ou seize dents de chaque côté. A la base de cet aiguillon, mais au dedans du corps, on trouve la vessie qui contient le venin. Les mêmes ressorts qui font jouer l'aiguillon, pressent en même tems cette vessie pour en exprimer la liqueur meurtriére, & la darder dans la plaie.

Pl. IV.
Fig. 3.
let. B B.

let. C.

CLARICE. C'est à la maniére de ces Sauvages, qui ne font la guerre qu'avec des fléches empoisonnées. Je suis fâchée qu'une façon si barbare de se venger, m'oblige à diminuer beaucoup de l'estime que j'avois pour ces animaux.

EUGENE. Pour vous en dédommager, ils vous fourniront un exemple que vous pourrez proposer à vos enfans, pour leur prouver que la vengeance retourne presque toujours sur celui qui se venge brutalement, & dans les premiers momens de sa colère. Quand une Abeille irritée a piqué son aiguillon dans notre chair, ou dans quelque autre corps qui lui a été présenté, comme un gand ; si on la presse de partir, à quoi on ne manque guéres, elle l'y laisse, mais elle ne l'y laisse pas seul, la plûpart de ses dépendances y restent attachées ; comme la vessie à venin, & beaucoup de parties musculeuses. En fuyant celui qu'elle a blessé, elle s'arrache elle-même les entrailles. La blessure qu'elle a voulu faire, lui coûte cher, plus cher que ne coûteroit à un homme le coup de poing qui lui feroit perdre sur le champ tout le bras. Enfin cette blessure qu'elle s'est faite à elle-même, est une terrible & mortelle blessure, à laquelle elle ne sçauroit survivre long-tems. Elle éprouve bientôt la même peine qu'elle a voulu faire aux autres.

CLARICE. Voilà un fait qui sera enregistré dès aujourd'hui dans mon recueil, & que je ne laisserai point ignorer à mes enfans.

EUGENE. Vous êtes digne, Clarice, d'être mere. Je prétends beaucoup dire, car très-peu de femmes méritent cette louange. Revenons à notre Mouche. Il semble que la malice survive encore à l'Abeille vindicative. En voici une preuve qui va vous paroître bien singuliére. Lorsque la Mouche est partie, après avoir laissé son trait fatal dans la plaie qu'elle a faite, pour aller mourir ailleurs; on diroit qu'elle a confié à ce trait en partant une provision d'esprits irrités & colériques, pour consommer sa vengeance. Quoique l'Abeille soit déja bien loin, l'aiguillon continue de se donner des mouvemens dans les chairs de celui qui a été piqué ; vous le voyez qui s'incline alternativement dans des sens contraires ; il s'enfonce de plus en plus, & cherche à rendre plus profonde la bleſſure qu'il a faite.

CLARICE. Je n'oſe plus vous contredire, Eugene : vous êtes ſi bien préparé ſur toutes les objections que je pourrois vous faire, que j'ai réſolu de ne vous plus propoſer que de ſimples queſtions. Ainſi je vous demanderai premiérement comment vous ſçavez que cette goutelette de liqueur qui ſort avec l'aiguillon, eſt un venin qui enflâme & empoiſonne la plaie. Secondement, ſi cette liqueur eſt également venimeuſe dans tous les tems. Troiſiémement, s'il y a des remédes prompts contre cette piquûre. Quatriémement, à quel deſſein la Nature a donné à l'Abeille une arme ſi cruelle.

EUGENE. Vous concevez bien, Clarice, que toutes ces queſtions-là demandent un long entretien. Ce sera la matiére du premier que nous aurons ensemble. Je vous avertis d'avance que je le commencerai par vous dire comment nous avons appris, à n'en pouvoir douter, que cette liqueur lympide, qui sort avec l'aiguillon des Abeilles, est un véritable venin, & que c'est ce qui rend les piquûres si douloureuses. Vous connoîtrez de plus, par la maniére dont nous nous y sommes pris pour parvenir à cette connoissance, que les Philosophes sçavent, quand il le faut, non seulement mépriser, mais aussi affronter la douleur; & j'espére repousser vos plaisanteries, en vous forçant de convenir que la Philosophie a ses Césars & ses Alexandres comme la Guerre.

CLARICE. Je crois l'entreprise hardie, je crains même qu'elle ne soit téméraire. Nous verrons demain comment vous vous en tirerez.

IV. ENTRETIEN.

Le venin des Abeilles, leurs piquûres, leurs combats singuliers & généraux.

CLARICE. Vous allez donc, Eugene, me prouver que la Philosophie est capable d'élever le courage jusqu'au mépris des plus grands dangers, & aux plus hautes entreprises; que les Philosophes, en un mot, sont des Césars.

EUGENE. Croyez-vous, Clarice, que j'aurois beaucoup de peine à trouver parmi les Philosophes, des Héros en courage comparables à ceux que nous présente l'Histoire des Conquérans ? Tous les siécles, & presque toutes les années nous en fourniroient des exemples. En voulez-vous un tout récent & des plus frappans ?

Comparez les opérations de la campagne de Charles XII. Roi de Suéde, pendant le grand hiver de 1709. jusqu'à la bataille de Pultowa exclusivement, avec les opérations de nos Académiciens sous le Cercle Polaire, pour la mesure de la Terre; vous trouverez de part & d'autre les mêmes fatigues, & le même courage pour les soutenir; des obstacles semblables, & semblable intrépidité à les surmonter; des desseins grands, hardis, & dignes de la plus haute valeur; & pour les exécuter, des hommes que ni la faim, ni la soif, ni les déserts, ni les rochers escarpés, ni les froids les plus redoutables, ni les bêtes cruelles ne peuvent vaincre. A cet exemple j'en pourrois joindre un million d'autres, qui ne seroient pas si éclatans, à la vérité, mais qui seroient plus que suffisans pour vous prouver que la Philosophie sçait faire des Héros.

CLARICE. Je vous passe le fait, & je me retranche sur le nombre. Vous m'avouerez que des hommes, tels que ceux dont vous venez de parler, sont bientôt comptés.

ÉUGENE. Les Césars & les Condés sont bientôt comptés aussi ; mais convenez qu'au dessous de ces grands noms, il y a encore des places qui peuvent faire honneur à un brave homme. Vous me placerez vous-même, lorsque je vous aurai fait le détail des douleurs volontaires, par lesquelles nous sommes parvenus à connoître la force du poison des Abeilles. Je vous ai supposé que c'est une liqueur très-lympide, qui rend douloureuses des blessures, lesquelles autrement seroient à peine senties ; il faut donc vous le démontrer par une expérience très-simple. Je l'ai faite d'abord sur moi-même; & quelques-uns de nos Académiciens, & d'autres amateurs de la Physique, ont voulu depuis que je la répétasse sur eux. Avec une épingle très-fine je me suis fait une piquûre à un doigt; avant que de me la faire, j'avois eu soin de me munir d'une Mouche à aiguillon; dès que je me fus piqué avec l'épingle, je pressai le venin de la Mouche, j'obligeai son aiguillon de se montrer, & le venin de sortir. Je pris alors avec la pointe de mon épingle une petite goutte de cette liqueur qui s'étoit rassemblée à son extrémité; puis je fis entrer cette pointe imbibée dans la blessure qu'elle m'avoit faite, où je ne la tins qu'un instant; c'en fut assez pour qu'elle y laissât du venin. Il n'y fut pas plutôt introduit, que je sentis une douleur semblable à celle qu'on sent après avoir été piqué par une Mouche à miel. Au reste, la douleur de la plaie, où l'épingle a porté de l'irritation, est comme celle des piquûres des Abeilles, plus aigue, ou plus modérée, selon la quantité de liqueur venimeuse dont la plaie a été mouillée; & peut-être encore selon l'état de la plaie, c'est-à-dire, selon la grandeur des vaisseaux qui ont été ouverts, & selon le plus ou moins de sensibilité des filets nerveux qui ont été attaqués. Je répétai un jour cette expérience sur un de nos Académiciens, qui doutoit de son effet, ou au moins du dégré de son effet. Pour le mieux convaincre, je n'épargnai pas la liqueur; je fis entrer dans sa piquûre une grosse goutte, que j'avois prise au bout de l'aiguillon d'un Bourdon velu; l'épreuve fut bientôt plus forte qu'il ne l'eût voulu : quoique très-courageux, quoiqu'un de nos Césars, il ne put sentir la douleur cuisante de sa petite plaie, sans beaucoup piétiner, & sans pester contre l'expérience. Après celle dont je viens de vous entretenir, j'en fis une autre que j'ai répétée plusieurs fois tant sur moi, que sur quelques autres personnes. Ayant puisé de ce poison dans la vessie d'une Abeille, avec la tête d'une épingle, & l'ayant mis sur ma langue, je sentis d'abord un goût douceâtre qui sembloit tenir un peu de celui du miel; mais bien-tôt ce doux devint âcre & brûlant; je sentis ensuite une impression de chaleur analogue à l'impression qu'y feroit le suc laiteux du Titimal. L'endroit de ma langue, où la petite goutelette avoit été appliquée, est quelquefois resté plusieurs heures comme s'il eût été légérement brûlé. Quelquefois ma langue a été simplement un peu échauffée. Swammerdam, qui a fait cette expérience avant moi, dit que cette liqueur avoit mis sa bouche tout en feu; apparemment qu'il en avoit mis une plus forte dose. Vous trouvez-vous maintenant, Clarice, assez convaincue que lorsque les Abeilles piquent, c'est la liqueur introduite qui enflâme, brûle & rend douloureuses les blessures?

CLARICE. Je vous crois comme si je l'avois senti moi-même. Nous sommes ici assez bien exposés pour en faire l'expérience sans le vouloir. Si cela arrive, je me crois assez Philosophe pour piétiner d'importance.

EUGENE. Pour répondre maintenant à votre seconde question, si ces piquûres sont également douloureuses en tout tems: je vous dirai que, toutes choses d'ailleurs égales, il y a des tems où les piquûres des Abeilles sont plus sensibles que dans d'autres. Celles qui sont faites en hiver, par des Mouches engourdies de froid, ne sont pas à beaucoup près si douloureuses, ni douloureuses pendant un tems si long, que celles qui font faites dans des jours chauds d'été, & elles ne font pas fuivies d'autant d'accidens; la liqueur eft apparemment plus exaltée, plus fpiritueufe en été qu'en hiver. D'ailleurs la Mouche n'en a peut-être pas une auffi grande provifion en hiver, où elle n'a peut-être pas affez de force pour en faire fortir autant. Ce ne font pas feulement les diverfes faifons qui font varier les différens dégrés de douleur; les différentes perfonnes n'y font pas également fenfibles. Il y en a pour qui ces fortes de piquûres ne font rien, en comparaifon de ce qu'elles font pour d'autres hommes. J'ai eu un domeftique qui n'en tenoit prefque aucun compte. En quelque endroit qu'il eût été piqué, cet endroit ne s'élevoit prefque point; les environs de la piquûre ne s'enfloient pas comme fe fuffent enflés les environs d'une femblable piquûre faite à d'au-

DES ABEILLES. 111

tres. Il y a enfin une troisiéme cause qui rend certaines piquûres moins douloureuses : c'est lorsqu'elles sont réitérées de suite par le même animal ; les derniéres ne sont rien en comparaison des premiéres. Un jour il m'arriva d'être piqué par une Guespe ; je crus qu'il valoit autant prendre son mal de bonne grace ; je la laissai achever de me piquer tout à son aise : en pareille circonstance la Mouche retire de la plaie son aiguillon sain & entier, & j'avois besoin qu'il restât tel ; car ayant saisi aussi-tôt cette Mouche, & l'irritant, je la posai sur la main d'un domestique aguerri, qui n'étoit pas à une piquûre près. Celle qui lui fut faite, fut peu douloureuse. Je repris la Guespe, & je me fis piquer moi-même une seconde fois : à peine sentis-je cette derniére piquûre. Enfin j'eus beau irriter la Guespe, elle ne voulut jamais piquer une quatriéme fois. La liqueur venimeuse fut épuisée dans les trois premiéres piquûres.

CLARICE. Cela prouve très-bien que la grande sensibilité, causée par les piquûres, vient d'un venin introduit par l'Insecte. Mais si je vous disois que je connois un animal, pour qui ce poignard & ce venin ne sont qu'un jeu & un passe-tems agréable ; que l'Ours enfin se fait piquer volontairement par les Abeilles, & qu'il ne reçoit de ses blessures qu'un chatouillement agréable.

EUGENE. Si je pouvois vous soupçonner d'avoir lû Pline, je croirois que c'est de lui que vous tenez ce petit conte, qu'il débite néanmoins un peu différemment. Il dit que l'Ours devenu trop gras, va à dessein irriter des Abeilles logées dans un tronc d'arbre; & qu'il se fait faire une infinité de piquûres, sur-tout à son museau, qui

lui

lui sont salutaires. Mais le bon Pline a souvent de ces histoires qui seroient mieux placées dans le Voyage des Sevarambes. Il n'y a, selon les apparences, aucun animal, sans en excepter l'Ours, auquel un tel venin ne fasse quelque mal; il ne peut y avoir que du plus ou du moins. Il est certain que cette liqueur est si vive & si pénétrante, qu'une piquûre d'Abeille bien assaisonnée, porte à la tête, & que la tête en est étonnée. Chaque Pays, & presque chaque Canton a son histoire d'un cheval qui ayant été se frotter contre une Ruche d'Abeilles, & l'ayant renversée, a été assailli par les Mouches irritées, & en est mort en moins d'un quart-d'heure, ou d'une demi-heure. Un semblable fait a été rapporté par Aristote, & confirmé de nos jours, (ce qui n'étoit pas inutile) par des témoins dignes de foi. Des Auteurs ont été jufqu'à déterminer le nombre des piquûres qui peuvent faire périr un grand animal : quelques-uns l'ont fixé à vingt. Je ne fçai pas fi la dofe de venin contenu dans ce nombre de piquûres, peut quelquefois fuffire pour donner la mort ; mais il eft certain au moins, qu'il y en a une dofe, qui, diftribuée à différentes parties du corps, cauferoit des douleurs, des inflammations, des irritations, & enfin une forte de fiévre, fous laquelle l'homme le plus robufte fuccomberoit.

CLARICE. On ne peut pas vous refufer, Eugene, l'éloge d'un grand courage. L'effai volontaire que vous avez fait de l'aiguillon de l'Abeille & de fon poifon meurtrier, dans la feule vûe d'en connoître la vertu, & de nous apprendre ce que nous avons lieu d'en redouter, mérite affûrément une place parmi les Héros de la

Philosophie. Mais je vous crois assez prudent pour avoir pris une précaution dont vous oubliez de nous faire part. Lorsque vous faisiez ces expériences, n'aviez-vous pas un Baume de Fiérabras, tout prêt à appliquer sur vos blessures, pour arrêter la douleur dans le moment que vous le jugeriez à propos, afin de ne point souffrir au-delà du nécessaire ?

EUGENE. Vous avez raison, Clarice, de croire que je ne fais point le brave plus que je ne le suis : il est certain que si j'avois connu un reméde contre ce mal, je m'en serois servi. Je vous dirai même, que j'ai fait ce que j'ai pû pour en trouver. Un reméde contre ces piquûres, est une des questions que vous me proposâtes hier, & sur laquelle je vous dois un éclaircissement. Feu M. du Fay, de l'Académie des Sciences, fondé sur des expériences faites en Angleterre, croyoit que l'huile d'Olives étoit un reméde souverain contre les piquûres des Abeilles; il le croyoit avec d'autant plus de confiance, qu'on attribuoit en Angleterre à ce reméde une vertu encore plus puissante, puisqu'on l'estimoit propre à guérir les morsures des Vipères. Malgré la foi que l'on est toujours disposé à accorder aux Sçavans de cette nation, M. du Fay voulut en faire l'expérience sur lui-même; il la fit; les occasions d'être piqué par ces animaux, ne sont pas difficiles à faire naître; il fut piqué au nez. Dès que l'huile eut été étendue sur sa petite blessure, la douleur fut appaisée; elle ne revint point, & il ne parut aucune élévation. Il me raconta un jour ce fait, sçachant que j'avois plus d'occasion que personne de répéter l'expérience du nouveau reméde. Dans des cas semblables j'avois déja éprouvé l'effet de l'huile d'amandes douces; & le succès qu'elle eut ne devoit pas me disposer à bien augurer de celui de l'huile d'olives. Cependant je fus tenté, au bout de quelques jours, de lui donner plus de confiance.

CLARICE. Vous eutes raison: car pourquoi ne voudriez-vous pas que certaines huiles eussent des vertus que d'autres n'ont pas ?

EUGENE. Je ne m'oppose point à ce que différentes huiles aient différentes vertus; mais l'on peut légitimement douter des faits, quand il leur manque des circonstances essentielles; quand ils n'ont pas été examinés dans tous les cas qui peuvent les faire varier. Vous en allez avoir la preuve. Un de mes domestiques fut aussi piqué au nez, j'étois présent, & je ne tardai pas à humecter sa piquûre d'huile d'olives : il parut s'en trouver bien, il m'assûra qu'il ne sentoit plus de douleur, & son nez ne devint aucunement enflé. Vous auriez cru, sur ces deux expériences, jointes à celles d'Angleterre, la réputation de l'huile d'olives incontestable; je l'aurois cru comme vous, si je n'avois sçû combien certaines expériences doivent être variées & répétées. Dès le lendemain je fis une opération qui demandoit que j'eusse plusieurs personnes à m'aider; c'étoit une de ces opérations dont on ne se tire guéres sans être piqué; elle me parut très-favorable pour répéter les épreuves de l'huile d'olives: il s'agissoit de faire passer des Abeilles d'une Ruche dans une autre. Un de ceux qui m'aidoient, reçut une piquûre sur le front entre les deux yeux, j'en retirai l'aiguillon, & je la frottai d'huile d'olives, il se crut soulagé, mais sa joie ne dura pas long-tems; au bout d'un quart d'heure, à peine pouvoit-il entr'ouvrir les yeux; l'enflûre qui avoit gagné l'une & l'autre paupiére, les tenoit toutes deux abbaissées. Je fus moi-même piqué cinq fois, tant aux doigts, qu'aux bras; vous jugez bien que je n'épargnai pas le topique; mais, comme dit l'ancien proverbe, j'y perdis mon huile & ma peine; mes doigts, ma main, mon bras s'enflérent, & restérent douloureux. Ce reméde n'eut pas un meilleur succès sur quelques autres personnes qui furent dans le cas de l'essayer.

Clarice. Pourquoi donc ce reméde avoit-il si bien réussi sur M. du Fay, & sur votre domestique?

Eugene. J'eus dès l'après midi un très-bon éclaircissement à cette difficulté. Ce même domestique qui s'étoit si bien trouvé de l'huile d'olives, fut piqué pendant notre opération par plus de douze Abeilles différentes, aux doigts, aux mains, aux bras, sans qu'il s'en plaignît, sans qu'il parût s'en embarrasser le moins du monde, & aussi sans qu'aucune blessure produisît d'enflûre sensible, & sans avoir eu recours au reméde de l'huile. J'ai connu à la campagne des gens, qui ne daignoient pas couvrir d'un gand la main avec laquelle ils alloient couper des gâteaux dans l'intérieur d'une Ruche, quoiqu'ils sçussent qu'ils seroient piqués plus d'une fois. Ces piquûres, extrêmement douloureuses pour les autres hommes, étoient si peu de chose pour eux, qu'elles ne leur paroissoient pas valoir la peine qu'ils se gênassent la main, & qu'ils la rendissent moins libre par un gand. Il n'y a peut-être que trop de remédes qui ne doivent leur réputation qu'à quelque cas semblable au premier où nous avons employé l'huile d'olive; c'est-à-dire, parce qu'ils ont été donnés dans des circonstances où

ils

ils étoient inutiles pour guérir le mal.

Clarice. Les bleſſures que font les Abeilles feroient-elles le feul mal, contre lequel la Médecine n'eût point de remédes, & les Apoticaires d'emplâtres ?

Eugene. On en trouve dans les livres à choiſir, comme on en trouve auſſi pour la goutte, le mal de dents, les côrs des pieds, &c. dont la vertu la plus aſſûrée eſt de ſoulager la faim de ceux qui les débitent. Cependant comme en fait de remédes on n'eſt point en droit de nier ce que l'on n'a pas éprouvé, j'ai eſſayé contre le venin des Abeilles, beaucoup de jus de différentes plantes, qui nous ont été indiquées par divers Auteurs. J'ai éprouvé l'urine, qui eſt beaucoup vantée ; j'ai éprouvé le vinaigre ; je n'ai rien tenté qui ne m'ait paru avoir dans quelques circonſtances des ſuccès qui ont été démentis par la suite. Ce qui même est de trop pour un reméde qu'on voudroit préférer, c'est qu'il n'y en a aucun qui dans l'instant où il a été appliqué, n'ait diminué, ou appaisé la douleur. L'eau seule a souvent produit cet effet; mais la douleur revient toujours après avec ses suites. Le persil pilé est la seule de toutes mes tentatives qui a produit quelque soulagement ; mais avec si peu d'effet, que quoique je sois de ceux à qui ces blessures sont les plus cuisantes, je ne daigne plus y avoir recours; en un mot, je ne sçai aucun reméde sur lequel on puisse compter. Faute de mieux, je vous donnerai un avis en passant, qui vous sera utile en cas de nécessité; sinon pour guérir, au moins pour empêcher les suites trop fâcheuses de ces blessures; c'est qu'il ne faut jamais manquer d'ôter l'aiguillon de sa plaie, aussi-tôt qu'on se sent piqué.

CLARICE. Puisque vous me laissez sans reméde contre les piquûres des Abeilles, & que me voilà d'avance abandonnée des Médecins : dites-moi du moins, pour ma consolation, quelles raisons peut avoir eu la Nature en donnant à ces animaux une arme si terrible pour nous offenser.

EUGENE. Il n'est pas sûr que nous soyons le premier objet de la vengeance de ces animaux. Les Abeilles ont bien d'autres occasions importantes de s'en servir, elles ont des ennemis de bien des espéces. Les fruits de leurs travaux, leur cire, leur miel excitent la concupiscence de beaucoup d'Insectes avides & paresseux ; elles ont à se défendre elles-mêmes contre d'autres ennemis, qui les mangent plus volontiers que leur cire. Il arrive souvent que d'autres Insectes sont assez bêtes, ou assez téméraires pour entrer brutalement dans une Ruche, où ils gâteroient & renverseroient tout, si nos Mouches ne tomboient comme un escadron de Hussards, sur ces étourdis, & si elles n'avoient de quoi les mettre à mort, ou en fuite. Je vous ai déja prévenu qu'il vient un tems où tous les maris de la mere Abeille doivent être exterminés, où l'on doit les sacrifier au bien de la société : ils sont plus grands & plus forts que les Mouches ouvriéres; corps à corps, une ouvriére n'auroit pas beau jeu avec un Faux-bourdon, mais au moyen de son poignard empoisonné, elle en vient à bout. Il est encore une circonstance où cette arme leur est nécessaire ; c'est dans les querelles qu'elles ont ensemble, & dans les combats qu'elles se livrent les unes aux autres, & dont je vous entretiendrai quelque jour.

CLARICE. Pourquoi remettre à

un autre tems, puifque l'occafion fe préfente de le faire. J'ai une impatience extrême de fçavoir ce que c'eft qu'un duel de Mouches, & d'entendre le récit de leurs combats généraux.

Eugene. Il eft aifé de vous fatisfaire. Voyez-vous au pied de cette Ruche ces deux Abeilles qui fe coltent & fe roulent fur la pouffiére ?

Pl. VI.
Fig 1.

Clarice. Il y a long-tems que je les vois, mais je croyois qu'elles fe jouoient & fe divertiffoient.

Eugene. Ce ne font point là des Jeux d'enfans, ce font des querelles qui paffent la plaifanterie, & qui vont prefque toujours à la mort; c'eft un duel enfin dans toutes les formes. Dans de beaux jours, & des jours chauds, on a fouvent occafion d'obferver de ces combats à mort, entre les Mouches d'une meme Ruche. Quelquefois l'attaquante, & l'attaquée

L iij

en sortent en se tenant déja l'une l'autre ; quelquefois c'est en dehors qu'une Mouche tombera sur une autre qui vole ; d'autres fois elle va se jetter sur une qui est en repos, ou qui marche doucement sur la partie extérieure de l'appui de la Ruche. De quelque maniére que le combat ait commencé, dès qu'elles se sont jointes, elles tombent bientôt à terre. Elles ne parviendroient pas à se porter des coups sûrs en l'air ; & il seroit difficile qu'elles pussent s'y soutenir pendant qu'elles chercheroient à se faire des blessures mortelles. Il est aisé de parvenir à en observer qui seront ainsi aux prises devant une Ruche ; vous en avez actuellement la preuve devant vous.

CLARICE. Puisque c'est ici un duel, baissons-nous donc pour le voir plus à notre aise.

EUGENE. Remarquez que ces deux combattantes font tout ce

DES ABEILLES. 127

que feroient deux Lutteurs couchés par terre, & dont chacun voudroit arracher la vie à son adversaire. Voyez comme l'une & l'autre tâche de prendre la position qui lui est la plus avantageuse. Les voilà toutes deux couchées sur un côté, se tenant réciproquement saisies avec leurs pattes, tête contre tête, derriére contre derriére, contournées de façon qu'elles forment ensemble un cercle, ou un ovale. Ce sont les mouvemens de leurs aîles qui les font pirouetter de tems en tems, comme vous le voyez, & les portent quelquefois en avant, à plus d'un pied de distance, mais toujours à fleur de terre. Prenez garde. En voici une qui est parvenue à prendre l'ascendant sur son ennemie, à lui monter sur le corps ; tous les mouvemens de l'une & de l'autre, les flexions & les diverses positions de leurs corps ne tendent qu'à par-

Pl. VI.
Fig 1.

L iiij

venir à trouver une partie molle de son adversaire, dans laquelle l'aiguillon puisse entrer. Admirez la promptitude avec laquelle ces aiguillons sont dardés. Les plus fameux tireurs d'armes n'ont pas le poignet plus vif. Je m'apperçois que ce duel-ci tire à sa fin. Il y aura mort d'Abeille. Observez comme celle des deux qui tient l'autre terrassée sous elle, est parvenue à approcher son derriére du col de son ennemie ; actuellement elle lui plonge le poignard dans la gorge. C'en est fait. Elle est morte, & la victorieuse s'en va dans l'air joüir de sa victoire.

Ib. lett. A.

CLARICE. Je vous avoue que quoique je n'aie pas l'ame cruelle, j'ai pris un plaisir singulier à voir ce petit duel.

EUGENE. Ces combats ne dureroient apparemment qu'un instant, si les Abeilles étoient moins bien cuirassées ; mais malgré les écailles dont leurs chairs font couvertes, ces chairs ne font pas inaccessibles. Si une Abeille peut faire passer son aiguillon entre une écaille & celle sur laquelle elle n'est qu'en recouvrement, ce qu'on appelle au défaut de la cuirasse, elle pourra ensuite l'enfoncer dans les chairs, qui font l'attache de l'écaille inférieure. Pour peu que le col de l'Abeille qui se défend, s'allonge, il devient à découvert; si l'aiguillon de son ennemie est proche dans ce moment, il pourra le piquer, comme vous venez de le voir ici. J'ai remarqué qu'elles cherchoient aussi mutuellement à se piquer vers la base de leur aiguillon, peut-être à l'anus.

CLARICE. Ne seroit-ce point aussi qu'elles essaient de croiser leurs aiguillons? Car tous les animaux qui sont armés pour la défensive, opposent ordinairement armes à armes : les bœufs, cornes contre cornes; les chiens, dents contre dents.

Eugene. Je ne voudrois pas nier que ce ne fût leur intention. Au reste, il m'arriva un jour de faire une observation, qui prouve décisivement qu'une Mouche peut parvenir à enfoncer son aiguillon dans le corps d'une autre: j'en vis deux qui se battoient en sortant d'une Ruche. Le combat se passa sur la partie extérieure de l'appui. Il ne fut pas long; bientôt j'en vis une vaincue & expirante. Je la pris, je l'examinai, & je trouvai que l'aiguillon de l'autre étoit resté entre deux anneaux du ventre de celle-ci. Mais je présume que ce cas est rare; car s'il étoit ordinaire, chaque combat couteroit la vie aux deux Mouches. Ces combats sont quelquefois très-longs; j'en ai vû un dans lequel ce ne fut qu'après une heure entiére, qu'une des deux Mouches laissa l'autre expirante. Quelquefois fatiguées l'une & l'autre, & desespérant toutes deux de remporter une victoire complette, elles se séparent; chacune s'envole de son côté. Quand elles ont sçu l'une & l'autre esquiver les coups d'aiguillon, le combat se termine sans mort.

Clarice. La folie des combats est donc aussi dans la tête de ces animaux, comme dans celle des hommes?

Eugene. Ce qui est folie & vraie folie dans les hommes, pourroit n'être qu'un méchanisme dans les bêtes; ce pourroit être une conduite forcée, qui ne viendroit point de leur choix, mais de l'institution de la Nature, qui a ses vûes.

Clarice. Je serois curieuse de connoître les raisons que peut avoir eu la Nature en instruisant une Mouche à aller de sang froid en insulter une autre, & lui faire tirer l'épée, ou en lui apprenant à tomber sans dire gare, sur une Mouche qui ne lui dit rien, & qui passe son chemin, pour la mettre à mort sans autres formes de procès.

Eugene. Quelque rebuté qu'on soit de pénétrer dans les vûes de la Nature, par le peu de succès qu'on y rencontre fréquemment; on ne sçauroit cependant s'empêcher d'y revenir quand l'occasion se présente. S'il est permis de vouloir deviner la politique des Abeilles, ou plûtôt les intentions de la Nature, & de croire que leurs querelles n'ont pas des motifs aussi frivoles que le sont souvent ceux des nôtres; on peut penser qu'une raison semblable à celle qui les détermine à tuer les mâles, les détermine aussi à tuer d'autres Abeilles. Ces Abeilles dont la tête est proscrite, sont peut-être des paresseuses, des gourmandes qui ne font là que pour faire nombre, & confommer les vivres ; ce font peut-être des idiotes qui ne fçavent pas conftruire un Alvéole dans les régles de la plus fine Géométrie; ou des vieilles que l'âge a rendues inhabiles à exercer aucunes fonctions, & qui ne font que caufer de l'embarras, au milieu d'un peuple actif & laborieux.

Clarice. Je fuis de leur avis, pour exterminer & chaffer de leur fociété civile, les pareffeufes, les gourmandes, les ignorantes qui ne fçavent rien faire ; mais pour les vieilles, j'en appelle ; j'interviens dans une caufe, dans laquelle j'efpère être un jour intéreffée. Eft-ce une raifon pour ceffer de vivre avant le tems marqué, que de n'avoir plus guéres à vivre? Cette politique me paroît abominable ; comment pouvez-vous la concilier avec les fentimens naturels, qui font les feuls refforts qui font mouvoir les bêtes ? Car la simple Nature, celle qui n'est point perverse, porte plûtôt à respecter la vieillesse, qu'à la détruire. L'Abeillicide, aussi-bien que l'homicide, me paroît un acte contre nature.

Eugene. C'est une question, Clarice, qui n'est pas aisée à résoudre, que de déterminer ce qui est sentiment naturel, & ce qui ne l'est pas, c'est-à-dire, le bien moral, & le mal moral. Heureusement pour nous la Religion Chrétienne a fixé notre incertitude dans tous les cas nécessaires; mais parmi les peuples qui ne sont pas éclairés des lumiéres de notre Religion, l'esprit doit être souvent embarrassé à juger de ce qui est bien, ou de ce qui ne l'est pas; l'expérience nous en fournit bien des exemples. On convient communément que la Nature nous invite à une révérence particuliére pour les Morts. Les livrer aux bêtes paroît aux uns un acte contre nature, aux autres non. Nous les enterrons, & nous croyons les abandonner aux vers. * « Les Ro- *Cicer. » mains les brûloient ; les Egyp- » tiens les embaumoient, les Per- » ses les enduisoient de Cire, les » Mages ne les enterroient qu'a- » près les avoir fait déchirer par » des bêtes ; en Hircanie, on te- » noit que le tombeau le plus ho- » norable que l'homme pût avoir, » étoit d'être mangé par un chien ; » les Riches en nourrissoient chez » eux pour leur personne ; il y en » avoit qui étoient nourris pour le » commun aux frais publics. » Il y a des Peuples qui, par piété, mangent leurs peres & meres morts. S'il y a dans le monde un sentiment qui puisse passer pour naturel, c'est, sans contester, celui de l'amour paternel. Cependant les peuples de Bengale jettent leurs enfans dans la riviére, lorsqu'il leur en naît plus qu'ils n'en peuvent nourrir; d'autres les vendent, & les livrent à l'esclavage. Les Lacédémoniens pouvoient tuer les enfans qu'ils croioient devoir être à charge à la République. Les loix des Chinois leur permettent de les exposer dans les rues. Un autre sentiment qui est également de ceux que la Nature inspire, est le respect des enfans envers leurs peres & leurs meres. Cependant on a vû des peuples qui se prétendoient policés, parmi lesquels c'étoit un office de piété, de tuer son pere & sa mere, parvenus à un certain âge: cette coutume subsiste encore parmi les Hottentots. Pourquoi refuserons-nous aux Abeilles une charité pareille à celle de ces Peuples, qui croient traiter favorablement leurs vieillards, en retranchant de la durée de leur vie, des jours qu'ils passeroient

dans

dans la peine, & le mal-être. Au moins y a-t-il apparence que pour le bien de leur société, qui semble seul les faire agir, les Abeilles tuent celles qu'elles sçavent n'être plus en état d'y contribuer.

Clarice. Je ne me connois plus en sentimens naturels, je m'y perds. Tout ce que je puis vous répondre, c'est que je vois bien qu'il s'en faut tenir à ceux que la Religion, nos Loix, & nos Coutumes ont consacrés ; & que c'est vouloir pénétrer trop avant, que de chercher à connoître les motifs qui conduisent les bêtes, pendant que souvent nous ne sçaurions rendre raison des motifs qui nous font agir. Ainsi laissons cela, & retournons à nos Mouches. Après avoir été assez heureuse pour me rencontrer précisément à l'heure d'un duel, ne pourrois-je pas espérer de voir aussi une bataille générale ?

Tome I. M

EUGENE. Je ne vous en promets pas le spectacle, elles ne sont pas assez fréquentes ; on en peut susciter, mais il faut des préparatifs. En attendant je m'en vais vous dire ce que j'en sçai, & ce que j'ai vû. Ce n'est guéres que dans le tems des Essaims que l'on voit de ces actions, que l'on peut appeller générales. Lors qu'une colonie de Mouches abandonnant ses Lares domestiques, va chercher quelque demeure nouvelle en pays étranger ; si elle tombe mal-habilement dans un pays déja habité, c'est-à-dire, dans une Ruche dont d'autres Mouches sont en possession, n'importe que ce soit depuis long-tems, ou depuis quelques heures, les nouvelles venues trouvent à qui parler. Les propriétaires étant sur leur paillier, sont fortes, & peu disposées à partager leur demeure ; elles défendent leur terrain. C'est alors que se livrent les grandes batailles.

Clarice. Cela ressemble assez aux invasions des Huns & des Vandales.

Eugene. On trouve dans les actions des bêtes, de fréquentes comparaisons à faire entre elles & les hommes, qui souvent ne tournent pas à notre honneur. Je me souviens qu'un jour m'étant obstiné à contenir un certain nombre d'Abeilles avec leur Reine, dans une Ruche qu'elles trouvérent trop petite ; après bien des tentatives de part & d'autre, de leur part pour en sortir, de la mienne pour les y faire rentrer, elles m'échapérent à la fin, & furent avec leur conductrice, se mêler dans un Essaim qui s'étoit établi depuis peu dans le voisinage ; dans l'espérance, apparemment, de ne faire qu'un peuple avec celles qui y étoient. Celles-ci ne se trouvant pas d'humeur à admettre ces étrangères, les reçurent fort mal; j'ai lieu de croire qu'elles y furent toutes massacrées. Ce qui est sûr, est qu'à peine y furent-elles introduites, qu'il s'éleva dans la Ruche un bourdonnement considérable, qui prouvoit que tout s'y mettoit en grande émeute. Cette Ruche étoit comme ces villes surprises par un ennemi téméraire, mais trop foible, à qui l'on fait sentir, en le chassant, ce que mérite son audace. Bientôt je vis des Mouches mortes, ou mourantes, que d'autres Mouches portoient hors de la Ruche. Le champ de bataille, les environs, n'offroient aux yeux que des combats à mort. Depuis une heure & demie, heure à laquelle les Mouches de la petite Ruche s'aviférent de vouloir s'emparer de la grande, jusqu'à cinq heures du soir, la tuerie fut grande, & m'offrit un spectacle aussi varié que meurtrier. Quel-

DES ABEILLES. 141

quefois je voyois sortir deux Mouches dont l'une étoit entraînée par l'autre, qui la saisissoit par où elle pouvoit, & qui cherchoit à lui monter sur le corps; quand elle y étoit parvenue, elle la prenoit à la gorge, & l'étrangloit à belles dents, je dis à belles dents, même au sens littéral. Dès que la Mouche vaincue avoit été mordue, & serrée près de la partie antérieure, elle étoit morte, ou mourante: la victorieuse la laissoit sans vie sur la poussiére, ou prête d'y expirer; elle l'abandonnoit alors, mais elle restoit posée auprès d'elle comme pour joüir de sa victoire, en se frottant les deux jambes de derriére, comme un homme se frotte les mains, quand il a fait quelque coup dont il est content. D'autres fois j'en voyois sortir de la Ruche, tenant sous leur ventre celle qui avoit été vaincue, & portant son cadavre au loin; d'autres traînoient au pied de la Ruche des Abeilles demi-mortes, & les achevoient cruellement devant moi.

CLARICE. Voilà, je vous l'avoue, de vilaines petites bêtes; leur humeur maſſacrante, querelleuſe, & inſolente, commence à me déplaire ſi fort, que ſi ce n'étoit leur cire, dont j'ai beſoin, je crois que je les chaſſerois tout-à-l'heure de ma maiſon.

EUGENE. Il ne faut pas que leur cire vous arrête. Croyez-vous, Clarice, vous qui vous piquez d'une juſtice ſi exacte, qu'il vous ſoit permis de garder des ſerviteurs de mauvais exemple, parce que vous en tirez du profit?

CLARICE. Bon? Je vois votre malice. Vous voudriez me mettre le ſcrupule dans la tête, pour me faire perdre ma cire. Remettons la déciſion de ce cas de conſcience à un autre jour, où nous verrons si votre maxime, qui est vraie d'homme à homme, est applicable de l'homme à la bête. Songeons à présent, que nous avons rempli le tems destiné à notre Entretien.

Eugene. Je crains même de l'avoir passé, & d'avoir dérangé quelque chose de la régularité de vos occupations. Je vous dirai cependant encore un mot, qui nous conduira jusqu'à la porte de votre appartement. Il ne faut pas confondre avec ces combats une autre sorte de querelle, qui ne va jamais jusqu'à la mort. J'ai vû souvent trois ou quatre Mouches après une seule : elles la prenoient par une jambe, chacune de son côté, la tirailloient, la harceloient, lui mordoient quelquefois le corps, ou le corcelet. J'avois d'abord pitié de cette malheureuse, qu'on attaquoit avec tant de lâcheté, & de supériorité ; mais après avoir obfervé que l'Abeille attaquée par tant d'ennemis, parvenoit facilement à s'en débarraffer, je reconnus qu'elle avoit un moyen aifé de fe tirer d'affaire, & j'appris qu'on n'en vouloit pas à fa vie. Le combat cefloit, dès que celle qui avoit été tourmentée & mordue, allongeoit fa trompe; car auffi-tôt une des attaquantes venoit fuccer cette trompe avec la fienne, autant en faifoient les autres à leur tour; de forte que toutes ces Abeilles ne fembloient lui avoir porté des coups, que pour la forcer de leur dégorger du miel qu'elle leur refufoit.

CLARICE. Surcroît de mauvaifes façons! Ce n'eft donc pas affez qu'elles fe faffent des trahifons, des guerres à outrance, il faut encore qu'elles s'arrachent les unes aux autres le pain de la bouche. Sont-ce là ces animaux dont les Anciens & les Modernes ont raconte conté tant de merveilles? Ce peuple que votre Virgile a, dites-vous, chanté en si beaux vers. J'aimerois autant qu'il eût chanté les Caraïbes, & les Antropophages.

Eugene. Je vous ai déja prévenu que les Anciens avoient eu tort de les louer sans mesure, & Virgile, comme les autres. Ils étoient tous assez mal informés. Nous venons de voir une partie de ce que nous avons à reprocher aux Abeilles, si nous leur supposons une liberté d'agir. Nous allons voir ce qu'elles ont de bon, d'admirable, & d'autant plus admirable, que nous voudrions les priver d'intelligence & les réduire au seul méchanisme. Vous trouverez à faire compensation entre leurs bonnes & leurs mauvaises qualités. Pour vous en convaincre, il n'y a qu'à passer à une histoire suivie de leur naissance, de leurs travaux, de leur industrie, de leur police.

Tome I. N

Et pour donner à cette histoire un ordre convenable, je commencerai dans notre premier Entretien, par vous parler de la fécondation de la Mere Abeille, des préliminaires qui la précédent, & je vous donnerai en même-tems des preuves incontestables du sexe des trois espéces de Mouches.

V. ENTRETIEN.

De la génération des Abeilles, & de la fécondation de la Mere Abeille.

CLARICE. Est-ce que vous voudriez me perfuader qu'il n'y a point d'Animaux qui naiffent de corruption ?

EUGENE. Oui fans doute je voudrois vous le perfuader, & vous voir renoncer une bonne fois à cette vieille erreur, qui ne fubfifte plus que parmi le peuple, & que les vrais Sçavans ont bannie pour jamais.

CLARICE. C'eft parce qu'elle eft vieille & bannie, que je prétends la protéger.

EUGENE. Quelle générofité !

CLARICE. Plaifanterie à part, je crains que ce changement d'opinion ne foit l'ouvrage de la mode. Car, dites-moi, d'où viennent ces vers qui naissent sur les viandes gardées, dans les eaux croupies, dans des fromages enfermés, sur des étoffes conservées dans des armoires ?

EUGENE. Ils viennent de pere & mere comme nous.

CLARICE. Vous me faites mourir. Quoi ! vous prétendez qu'un ver, que l'on trouve dans une noisette bien dure & bien close, y aura été engendré par son pere & par sa mere ?

EUGENE. Il n'y a pas de doute. Que les Insectes viennent uniquement de génération ; c'est un fait reconnu aujourd'hui pour vrai & bien prouvé, c'est une thèse que je n'entreprendrai point de soutenir dans toute son étendue : Je ne vous parlerai que de ce qui concerne nos Abeilles, & je tâcherai de vous donner sur leur naissance les idées les plus justes. Mais comme avant que de semer le bon grain, on a coutume d'arracher du champ les mauvaises herbes ; de même, avant que de vous dire ce que l'on doit croire sur la génération des Abeilles, il est nécessaire que j'expose ce que l'on a cru, & que l'on ne doit plus croire. Je vais vous faire passer en revûe les opinions des Anciens ; ensuite je vous dirai à quoi l'on peut s'en tenir. Les Anciens qui traitoient les Insectes d'animaux imparfaits & méprisables, leur accordoient en même tems une prérogative qui les mettroit bien au-dessus de nous, si elle étoit effective ; c'étoit de naître par deux voies différentes, par voie de génération, & par voie de corruption. Ils croyoient que dans le premier cas, le germe devoit être fécondé par le mâle, & que dans l'autre certaine vertu plastique, effet de la corruption, ou plutôt enfant de leur imagination, leur

N iij

tenoit lieu de pere & mere. Le privilége de cette double naiffance a été accordé aux Mouches préférablement. On a vû des Mouches accouplées, on a vû auffi les mêmes Mouches fortir, pour ainfi dire, du fein de la matiére, comme celles qui naiffent des eaux croupies; qui fortent des galles des arbres; de ces noifettes dont vous parliez tout-à-l'heure; dans des étoffes renfermées dans des armoires. On ne s'eft pas donné la peine d'obferver fi leurs œufs n'y avoient point été portés. On a fuppofé vrai ce que l'on voyoit mal, ce qui n'arrive que trop fouvent; & on a bâti là-deffus un fyftême qui ne pouvoit être que ridicule. On a prétendu que de la chair corrompue d'un Taureau il en naiffoit des Abeilles; qu'un Lion corrompu fournit les plus courageufes; que les Vaches pourries fe changent en Mouches plus douces &

plus traitables ; qu'un simple Veau n'en peut fournir que de foibles ; on a donné au Cheval mort le privilége d'engendrer les Guespes & les Bourdons ; à l'Asne celui de donner naissance aux Scarabés ; & à certains arbres, celui de produire d'autres Insectes ; on a été enfin jusqu'à donner à la boue la faculté d'engendrer. Je m'étonne qu'on n'ait pas dit tout de suite qu'un Bœuf pouvoit naître d'un tas de foin pourri, un Cerf de feuilles d'arbres, un Loup de chairs mortes, il n'en coûtoit pas davantage.

Clarice. Vous êtes en colère, Eugene, contre les Anciens. S'ils ne l'ont pas dit, c'est qu'ils en connoissoient apparemment l'absurdité.

Eugene. J'en doute, puisqu'on a dit plus encore. Les Egyptiens, dans ces beaux tems où l'Egypte fleurissoit par les sciences, n'ont-ils pas prétendu que leurs Ancêtres étoient sortis immédiatement du limon du Nil ? Mais pour nous en tenir uniquement à nos Abeilles, Aristote ne nous a-t-il pas appris qu'un sentiment assez suivi de son tems, étoit que les Abeilles ne mettoient au jour ni œufs, ni vers ? c'est même le sentiment que Virgile a préféré ; il assure qu'elles dédaignent les plaisirs de l'amour, mais aussi que les douleurs de l'enfantement leur sont inconnues; que c'est sur les plantes qu'elles recueillent leurs petits : quelques-uns ont prétendu qu'elles alloient chercher sur les fleurs une matiére qu'elles portoient dans leur Ruche, après l'avoir rendue propre à être une semence, d'où sortiroient des vers, qui par la suite deviendroient des Abeilles. On a disputé même sur l'espéce de plante où les Abeilles sçavoient trouver cette merveilleuse matiére. Les uns vouloient que ce fût sur les fleurs du

Cérinthé, qui est notre Mélisse; d'autres, sur celles de l'Olivier; d'autres, sur celles du Roseau.

CLARICE. Ho pour le coup c'en est trop : j'abandonne les Anciens. Aller chercher les enfans tout faits sur des feuilles ! Je n'aurois jamais soupçonné nos Ancêtres d'avoir porté jusqu'à une si puérile absurdité leur système sur la génération des Insectes.

EUGENE. Si les Philosophes vont loin, quand ils sont dans le bon chemin, ils vont loin aussi quand ils s'égarent. Mais enfin le tems étoit venu, où pour le salut de la raison, cette licence de l'imagination devoit avoir un frein. Descartes en a arrêté la fougue, en nous apprenant à discuter les idées les plus reçues, & à n'adopter que celles qui n'ont rien pour nous que de clair & d'évident. Seriez-vous à présent du sentiment d'Alexandre de Montfort, qui dans son Livre intitulé, *le Printems des Abeilles*, dit que le Roi est formé du suc que les Abeilles tirent des fleurs; que les Abeilles ordinaires sont tantôt procréées de miel, & tantôt de gomme?

Clarice. Vous me conduisez insensiblement à condamner mon Auteur favori. Liger, dans sa Maison Rustique, que je regarde comme le bréviaire de toute bonne Ménagère de campagne, dit « Que
» pour faire des Abeilles par art,
» il n'y a qu'à tuer un Bœuf l'été,
» l'enfermer dans une chambre
» basse bien close, l'y laisser pou-
» rir dans son cuir, & qu'au bout
» de quarante-cinq jours il en sor-
» tira une infinité d'Abeilles. «
Ce sentiment d'un Auteur que j'aime, & en qui j'ai confiance, ne pourroit-il pas mériter quelque grace auprès de vous?

Eugene. N'ayons nulle complaisance pour tous mauvais raisonnemens, il n'en restera toujours que trop dans le monde. Ce n'est pas là le seul conte de vieille que l'on lise dans la Maison Rustique. Mettez au même rang une autre fable que cet Auteur vous débite au sujet de la génération des Vers à soye. Il vous enseigne que pour avoir des Vers à soye par art, il ne faut que nourrir une Vache pleine avec des feuilles de Mûrier, jusqu'à ce qu'elle ait mis bas, & continuer de la nourrir, & son Veau pareillement, des mêmes feuilles : » Ensuite, dit-il, coupez ce Veau » par morceaux, sans en rien ôter, » pas même la corne des pieds; » faites pourrir le tout à l'air dans » un grenier, il vous en viendra » des Vers qui seront de vérita- » bles Vers à soye «. J'ai toute ma vie admiré avec quelle facilité on se prête aux fables, tant pour les débiter, que pour les croire.

CLARICE. Vous m'ouvrez les

yeux, & je commence à reconnoître de plus en plus la folie de ces systêmes. Comment se peut-il donc qu'il y ait de nos jours des gens qui se disent Philosophes, & qui cependant sont encore entêtés des anciennes opinions ?

Eugene. C'est que la vérité est un soleil qui ne luit pas pour tout le monde : ne la voit pas qui veut; il y a des esprits si maîtrisés par leurs préjugés, environnés de ténèbres si épaisses, que la lumière ne les peut percer. Nous en avons un exemple dans un Livre imprimé à Paris en 1720, où l'Auteur, qui donne d'ailleurs de très-bons préceptes sur la maniére de gouverner les Abeilles, y a joint une Dissertation sur leur génération, dans laquelle il prétend établir, par des raisonnemens & des observations, que cette cire brute, que les Abeilles apportent à leurs jambes, est vivifiée dans la Ruche; que comme les vers de certaines Mouches, (c'est sa comparaison,) naissent de chair pourrie, de même les vers qui doivent devenir des Abeilles, naissent de la cire brute que la chaleur de la Ruche a fait corrompre. Cet Auteur débite son systême comme s'il en avoit été témoin oculaire.

Clarice. Vous me prouvez ce que j'ai souvent oui dire, que l'histoire du progrès des Sciences est en même tems l'histoire des erreurs, & l'on peut dire aussi des extravagances de l'esprit humain.

Eugene. C'est ce qui doit nous rendre le progrès des Sciences infiniment cher & desirable, puisqu'il ne tend qu'à ramener la vérité, & à rendre la raison sage & circonspecte. On n'a pas moins varié sur les sexes des Abeilles que sur leur génération. Les uns ont pensé que les Rois étoient des mâles, d'autres, qu'ils étoient des femelles ; d'autres ont regardé les Abeilles ordinaires comme les mâles, d'autres comme les femelles; d'autres ont prétendu qu'ils s'accouploient tous les uns avec les autres. Un Auteur Anglois, Butler, dans sa *Monarchie féminine*, est du nombre de ceux qui veulent que les Reines mettent des Reines au jour, que les Abeilles communes soient meres d'Abeilles communes; il fait les Fauxbourdons enfans d'Abeilles ordinaires. D'autres ont regardé ces Fauxbourdons comme ne contribuant en rien à la génération des Mouches d'une Ruche; d'autres au contraire ont voulu qu'ils fussent des femelles. Quelques-uns même ont cru que les Rois des Abeilles devoient leur naissance aux Fauxbourdons, au lieu que Pline donne les Fauxbourdons pour des Mouches imparfaites, produites par des Abeilles surannées. En un mot, toutes les combinaisons qui peuvent être faites par rapport au sexe, ou au non sexe des trois sortes de Mouches, ont été faites, & toutes ont trouvé des approbateurs.

Clarice. Je n'en suis plus surprise. Quand on n'a point la vérité pour guide, tous chemins paroissent bons.

Eugene. Pour nous, laissant à part tous ces différens sentimens qui s'accusent les uns & les autres de faux, suivons la Nature à l'œil, autant qu'elle nous le permet. J'ai vû, & bien vû la génération des Abeilles. Je puis vous en rendre compte. Je ne vous dirai rien qui n'ait passé sous mes yeux & par mes mains, rien que vous ne puissiez voir ici vous-même, du moins en partie, si la fortune nous est favorable. Avant que de vous dire comment, & par quelle voie les Abeilles naissent, je dois, en Historien fidéle & exact, vous parler d'abord de ce qui regarde leur Mere commune, de ce qui met cette Mere en état de produire seule un peuple nombreux, de mettre au jour trente ou quarante mille enfans en un an. Vers la mi-Mai, ou au commencement de Juin, lorsqu'un nouvel essaim quitte la Ruche où il est né, pour aller chercher dans quelque tronc d'arbre, ou dans quelque autre Ruche vuide, un séjour plus commode, ce nouvel essaim est composé alors d'une Reine au moins, d'un nombre de Fauxbourdons, ou mâles, qui va à quelques centaines, & d'Abeilles ouvriéres qui va à plusieurs milliers. A peine la colonie est-elle arrivée au nouveau domicile, que les Abeilles ouvriéres travaillent avec une diligence infinie, les unes à construire des alvéoles, les autres à aller chercher les provisions nécessaires pour vivre & pour bâtir. Il n'y a point de tems

tems à perdre, il faut se loger, il faut pourvoir sur l'heure au nouvel établissement. Quelquefois, en moins de vingt-quatre heures, elles ont fait des gâteaux de plus de vingt pouces de long, sur sept ou huit de large; aussi un essaim fait-il plus de cire dans les quinze premiers jours, qu'il n'en fait dans tout le reste de l'année. Dans les premiers jours chacun se livre avec ardeur aux travaux, pour lesquels la Nature l'a destiné: les Abeilles ouvriéres à la récolte du miel & de la cire, à la construction des édifices publics; la Reine, à donner des successeurs à ces nouveaux habitans, qui ne peuvent s'en donner eux-mêmes. Il n'y a que les Fauxbourdons qui n'ont autre chose à faire qu'à attendre le bon plaisir de la Reine.

Clarice. Cela me paroît une fonction assez humiliante pour des mâles.

Tome I. O

Eugene. Il faut avouer que chez les Abeilles le sexe masculin ne figure pas bien. Je vous ai dit que lorsque le nouvel essaim se mettoit aux champs, il conduisoit avec lui une Reine au moins, cela veut dire qu'il y en a quelquefois deux, trois, quatre, & même plus. S'il n'y en avoit pas du tout, l'essaim ne se logeroit jamais; si, comme il arrive souvent, il s'en trouve plusieurs, c'est encore un inconvénient; mais dans ce dernier cas il n'en coûte la vie qu'aux Reines surnuméraires; car pour le bien & la paix de la Monarchie, il n'en doit rester qu'une à cet effet, les autres sont mises à mort. Je vous parlerai de ce massacre dans la suite. Il n'est question à présent que de sçavoir comment la Reine s'y prend pour devenir mere, comment elle en agit avec ses centaines de maris; comment elle se conduit dans ce nombreux sérail.

Clarice. J'attends ce détail avec impatience : je m'imagine que les anecdotes galantes de la Mere Abeille doivent faire un trait d'histoire assez curieux. Ayant examiné, comme vous avez fait, les choses avec une vûe si pénétrante, je ne doute pas que vous n'ayez surpris la Reine jettant le mouchoir.

Eugene. Vous pouvez cependant en douter ; car il en est de ce sérail-ci comme de celui des Orientaux, il n'y a que le Souverain & les serviteurs du sérail, qui puissent voir ce qui se passe dans l'intérieur. J'ai tenté toutes sortes de moyens pour pénétrer dans celui des Abeilles, & en découvrir les mystères, ils m'ont toujours été religieusement cachés, parce que c'est dans le fond de la Ruche que cette Reine remplit les vûes de la Nature. Vous croyez peut-être que la pudeur & la modestie l'engagent à se cacher ainsi ; il n'en est rien, & vous verrez bientôt que la pudeur est une vertu qui lui a été donnée gratuitement par les Anciens, & qu'elle mérite moins d'en être louée qu'aucun animal que je connoisse : je ne sçaurois donc vous dire si parmi tout ce grand nombre de mâles, un seul se trouve digne d'être honoré des faveurs de la Reine, si plusieurs ont part à ses bonnes graces : je ne suis point du tout au fait du plus ou du moins, & je ne me mêle point de deviner ; mais ce que je sçai certainement, c'est qu'elle se porte à la propagation de son espéce de la même maniére, & par les mêmes moyens que les autres animaux. Je m'en suis procuré une preuve qui n'est nullement équivoque. J'ai eu recours pour cela à deux expédiens bien simples. Le premier est l'anatomie, qui m'a fait voir les parties intérieures, tant des femelles, que des mâles, comparées avec celles des Mouches ouvriéres. Le second, c'est le moyen que j'ai trouvé de réduire une mere Abeille à se livrer devant moi, & sous mes yeux, aux devoirs que la Nature exige d'elle; à faire en ma présence, avec un seul époux pris au hazard, ce qu'elle eut fait au fond de la Ruche avec un, ou plusieurs époux de son choix. Je commencerai par l'anatomie, & je la veux faire devant vous, afin qu'il ne vous reste sur cela aucun doute ni scrupule. Voyez-vous ceci ? C'est une Reine féconde, laquelle étoit prête à pondre, & peut-être pondoit-elle, lorsqu'elle a été prise & étouffée.

Clarice. D'où vous vient, Eugene, cette Mouche mere ? Comment l'avez-vous attrapée ?

Eugene. Je vous la cachois, Clarice, pour vous donner le plaisir de la surprise. J'enseignai hier au soir à votre Jardinier le secret d'attraper une mere Abeille; il est vrai que ce secret vous coûte une Ruche entiére; mais je voulois avoir cette Reine, pour vous mettre sous les yeux des marques incontestables de son sexe, pour vous faire voir que ce Roi des Anciens est une Reine, & des plus Reine par sa fécondité. Ouvrons donc anatomiquement le ventre de celle-ci, & voyons d'abord ce qui se présentera. Armez-vous de ma loupe, & jugez.

CLARICE. Cela n'est point douteux. Voilà un nombre d'œufs prodigieux. Il est bien singulier qu'étant si facile de connoître le sexe d'une Mouche, on ait été pendant tant de milliers de siécles à raisonner de travers sur un fait aussi aisé à vérifier. Est-ce qu'il n'y avoit point d'anatomie du tems d'Aristote? Je pense bien qu'il n'y avoit pas de microscope; mais en faut-il pour voir ceci ? Une vûe médiocre suffit, votre loupe même m'est inutile.

Eugene. Les Anciens aimoient mieux raisonner, qu'opérer ; on brilloit de leur tems par les raisonnemens vrais ou faux : on brille aujourd'hui par l'expérience. C'est en suivant la maxime des Modernes, que Swammerdam a donné une figure très-bien faite de ces œufs, ou plutôt de ces ovaires, car c'est le nom qu'il donne avec raison à ces deux paquets d'œufs. La voici. Je m'en vais vous l'expliquer plus en détail. L'ovaire de la Mouche à miel est un assemblage de vaisseaux ; car tous ces œufs que vous voyez en si grand nombre, n'y sont point jettés pêle-mêle; ils sont contenus dans plusieurs intestins, ou boyaux transparents, d'une finesse si grande qu'ils ne peuvent être apperçûs que par le moyen d'une forte loupe. Je m'en

Pl. V.
Fig. 1.

lett.
aaa,&c.

vais vous en convaincre. Prenez garde qu'en enlevant avec la pointe de mon épingle une file de ces

let. D. œufs, ils ne se quittent point, & restent tous bout à bout. Tous ces vaisseaux, qui composent ensem-

let. B. ble deux paquets d'œufs distincts, tirent leur origine du même endroit, & vont tous aboutir à un ca-

let. T E. nal commun. Quand on ouvre une Mere dans des tems où celui de la ponte est encore éloigné, comme j'en ai ouvert plusieurs en hiver, & dans d'autres saisons; vous ne voyez, au lieu de ces ovaires, que des paquets de fils plus déliés que des fils de ver à soye. Au moyen d'une loupe très-forte on y apperçoit pourtant de petites inégalités, de petits nœuds qui sont des œufs qui pointent, pour ainsi dire. Mais quand la Mouche est, comme celle-ci, en pleine ponte, son corps semble n'être rempli que d'un nombre prodigieux de différentes files

DES ABEILLES. 169

files d'œufs, qui de la partie antérieure du corps se rendent à la partie postérieure. Observez que les œufs, qui sont ici bas dans cette partie postérieure, près du canal commun, sont longs, & tels que ceux que vous trouverez pendus dans les alvéoles de cire ; & que plus vous allez en remontant vers le haut du corps, plus ils diminuent, c'est-à-dire, qu'ils sont moins formés. *Pl. V. Fig. 1. let.* T E.

CLARICE. Il me semble que je trouve une faute dans le dessein de Swammerdam. Toutes les files d'œufs sont rassemblées & réunies dans l'un de ces deux ovaires, comme ils le sont dans la Mouche que vous tenez, mais dans l'autre ovaire elles sont éparpillées. *let.* B. *let.* C.

EUGENE. Ce n'est point une faute, c'est à dessein que cet Auteur les a fait graver ainsi. Il a voulu qu'un des deux ovaires donnât l'idée d'une Mere prête à pondre,

Tome I. P

& l'autre d'une Mere plus éloignée de ce tems ; & dans celle-ci il a écarté les filets par un des
let. c. bouts, pour les rendre plus sensibles. Voilà donc les deux ovaires bien marqués. Voyons maintenant la route que prennent les œufs pour sortir. Ces deux gros
lettres vaisseaux-ci sont des conduits, dans
T E, T E, lesquels les œufs tombent au sortir des ovaires ; de-là ils se réunis-
let. m. sent dans ce grand canal, que Swammerdam regarde comme la
let. G. matrice. Cet autre petit corps sphérique adhérant à la matrice, est regardé comme contenant la liqueur visqueuse dont chaque œuf doit être enduit en sortant du corps de l'Insecte, pour être colé contre le fond d'un alvéole. Ces deux
*let.*nnn. gros muscles servent au jeu de l'aiguillon & de la vessie à venin. La
let. v. voici, cette vessie à venin. Ici est
let. s. le vaisseau qui porte le venin dans la vessie. Enfin voilà ce redouta-

ble aiguillon courbe & plus grand que celui des Mouches ouvriéres, & les deux piéces qui lui servent d'étui.

let. F.

let. P P.

CLARICE. Quel est l'usage de cette vessie que j'apperçois entre les deux ovaires ?

let. X.

EUGENE. Swammerdam la regarde comme une vessie pulmonaire, qui fait dans cet animal l'office d'un poûmon, c'est-à-dire, un réservoir à air, que la Mouche presse, ou dilate suivant ses besoins.

CLARICE. Quoique cette anatomie soit très-bien faite, très-délicate & très-intelligente, je crois cependant qu'elle ne contenteroit pas pleinement des femmes qui seroient plus curieuses que moi, & qui en voudroient sçavoir davantage.

EUGENE. Je me doute bien de ce que voudroient sçavoir ces Dames si curieuses en matiére d'anatomie : si elles étoient là, je leur

P ij

dirois que pour pénétrer plus avant dans ces découvertes, il faut avoir recours à l'analogie. Les choses se passent probablement dans la mere Abeille comme dans le Papillon femelle. Malpighi a fort bien découvert & décrit ce que je veux dire. Il prétend avoir trouvé dans le Papillon femelle une vésicule qui a la forme d'une perle, & que cette perle est un réservoir qui contient la matiére fécondante, que le mâle a déposée; que cette matiére est portée dans l'ovaire par un canal de communication ; qu'arrivée là elle arrose les œufs, & les vivifie à mesure qu'ils passent par l'ovaire ; & que sans cette précaution, les œufs sortiroient inféconds, comme ceux des Poules qui pondent sans qu'un Coq s'en soit mêlé.

CLARICE. Vous m'avez supposé un desir de sçavoir, que peut-être n'ai-je pas. Vous êtes heureux que je ne sois point querelleuse. Au reste cette découverte me paroît d'une grande pénétration, & me donne une si haute idée de la sagacité de ce Malpighi, que je ne doute pas qu'il n'ait poussé ses recherches jusqu'à compter combien il y a d'œufs dans le ventre d'une Abeille.

Eugene. Ce n'est pas lui, c'est Swammerdam, qui ne lui en céde point en cette matiére, qui a entrepris ce calcul. Il a estimé que chaque ovaire avoit plus de cent cinquante vaisseaux destinés à contenir des œufs ; que chaque vaisseau contenoit dix-sept œufs de ceux qui sont visibles, & par conséquent que les deux ovaires d'une mere Abeille prête à pondre, renferment 5100. œufs visibles. Cela étant, on ne doit plus avoir de peine à accorder qu'une Abeille puisse mettre au jour, en sept ou huit semaines, dix à douze mille Abeilles, & davantage. Car on imagine aisément que le nombre de ceux qui ne sont pas visibles, qui grossiront pendant le tems que les autres seront pondus, & qui prendront leur place dans les ovaires ; que le nombre de ces œufs, dis-je, qui échappent à nos yeux par leur petitesse, surpasse plusieurs fois le nombre des autres. Après vous avoir montré & prouvé sans réplique, à ce que je crois, que la Reine Abeille est une mere très-féconde, il faut vous faire voir que les Fauxbourdons sont les mâles, & que les Abeilles ouvriéres sont neutres; qu'elles tiennent dans ce sérail la place que les Eunuques noirs tiennent dans celui des Souverains d'Asie ; qu'elles n'y sont que comme des domestiques destinés pour faire tous les ouvrages intérieurs & extérieurs: mais qu'elles sont exclues du privilége de réparer les brêches que la mort fait tous les jours à l'état. Pour avoir une conviction pleine & entiére au sujet des Fauxbourdons, je m'en vais en prendre un, l'ouvrir devant vous, & par la comparaison que je vous mettrai en état de faire de ses parties intérieures, avec celles de la Mere Abeille, vous jugerez de l'évidence de nos preuves. Si l'examen des parties intérieures de la Mere Abeille a été propre à nous faire voir qu'elle peut seule suffire à donner la vie à tant de milliers d'Abeilles, qui naissent chaque année dans une Ruche; l'examen des parties intérieures des Fauxbourdons, ne sera pas moins propre à nous convaincre, qu'ils sont destinés à rendre les œufs féconds; qu'ils sont les Mâles. Dès qu'on a mis à découvert, comme je le fais présentement, l'intérieur du corps d'un Fauxbourdon, on reconnoît que sa cavité n'est presque occupée que par des vaisseaux, & des ré-

Pl. V. *Fig.* 2. & 3.

servoirs, dont l'usage ne peut être que de préparer & de contenir la liqueur propre à vivifier les œufs. Ces parties que vous voyez, qui sont d'un volume considérable, par rapport à celui du lieu où elles sont logées, & qui sont plus blanches que le lait, doivent leur couleur à la liqueur qu'elles renferment. Aucune de ces parties ne ressemble à celles que vous avez vûes dans le corps de la femelle, & vous n'en verrez plus de semblables dans celui des Abeilles Ouvriéres. Je n'entrerai point dans un plus grand détail au sujet de toutes ces parties. Si la fantaisie, ou la curiosité vous prenoit de les connoître plus à fond, je vous renvoie à l'Auteur qui m'a instruit de toutes ces connoissances.

CLARICE. J'en sçai présentement sur cet article autant que j'ai envie d'en sçavoir. Ouvrez maintenant le corps d'une Abeille Ouvriére, afin qu'il ne me reste aucun doute sur les trois espéces de Mouches.

EUGENE. En voici une. Vous y voyez le canal des alimens; un premier estomac qui contient du miel; un second estomac, & les intestins remplis de cire brute; mais au surplus, vous n'appercevez aucune partie analogue à des ovaires, ni rien qui ressemble, ou qu'on puisse même soupçonner être des œufs; vous n'y voyez non plus aucune partie qui ait l'apparence d'être celle des Mâles ou Fauxbourdons. *Pl. XI. Fig. 3. Lett.* v. *Lett.* v. *Lett.* e.

CLARICE. Cela est vrai. Je vous ferai cependant encore une objection. Comment vous êtes-vous assûré qu'il n'y a dans une Ruche qu'une Femelle; que tout ce que vous appellez Fauxbourdons, sont tous Mâles, & que le genre neutre est attaché, sans exception, aux Ouvriéres; & enfin, que les

Abeilles sont toutes, chacune dans leur genre, telles que les trois que vous venez d'ouvrir? Il me paroît bien difficile que vous ayez pû vérifier cela exactement.

Eugene. La vérification en est très-simple, & très-aisée. Il n'y a qu'à consacrer, comme j'ai fait, une Ruche entiére, en faire périr tout le peuple, soit par la fumée, soit par l'eau, & puis examiner toutes les Mouches l'une après l'autre; il n'est pas même nécessaire de les ouvrir, il suffit de les presser entre deux doigts ; on en fait sortir facilement les parties caractéristiques du sexe de celles qui en ont, & le défaut de cette apparence, indique celles qui n'en ont pas.

Clarice. Le moyen de résister à une si grande évidence! Après ce que j'ai vû, il n'y a plus de prise à la dispute, il faut se rendre.

Eugene. Pour profiter de la bonne disposition où vous êtes, je passe donc au récit des amours de la Mere Abeille. Une Mere Abeille qui se trouve seule de son sexe dans sa Ruche, comme elle s'y trouve en certains tems avec sept ou huit cens, & quelquefois mille Fauxbourdons, paroît y être au milieu d'un très-nombreux sérail de Mâles. On a prétendu cependant qu'elle n'en souffroit aucun se joindre à elle. Il est vrai que jusqu'ici personne ne l'a vûe rechercher cette union, ou personne au moins n'a écrit l'avoir vû. Mais c'est un de ces cas où la preuve négative ne sçauroit avoir beaucoup de force ; car sans vouloir donner de la pudeur à cette Mouche, il n'y a aucune raison de penser qu'elle quitte l'intérieur de la Ruche, où elle aime à passer sa vie, & qu'elle cherche à s'exposer aux yeux des spectateurs, lorsqu'elle veut permettre à un Mâle de féconder ses œufs. La Reine d'Achem * est dans le cas de la Reine des Abeilles, c'est-à-dire, d'avoir un sérail d'hommes à ses ordres. Si donc un de ces voyageurs, qui courent le monde pour s'instruire des mœurs & des coutumes des différens peuples, se tenoit dans les dehors de la ville d'Achem, dans l'espérance que cette Reine viendroit le trouver au milieu des champs avec quelqu'un de ses Favoris, pour le faire spectateur de ce qui se passe de plus secret entre eux, probablement ce voyageur attendroit très-inutilement ; & s'il s'avisoit d'en conclure que les hommes ne sont auprès de cette Reine, que comme des petits chiens de Boulogne, pour le plaisir des yeux ; je ne crois pas qu'il trouvât beaucoup de Lecteurs assez simples pour ajouter foi à sa Relation. Disons la mê-

* Gemelli Carreri.

me chose par rapport aux Abeilles. Nous ne sommes pas à portée d'être témoins de toutes leurs actions. Nos yeux ne sont pas faits pour voir à travers des gâteaux de cire, couverts de plusieurs couches d'Abeilles ordinaires. Mais nous sommes assûrés que c'est derriére ces gâteaux que s'accomplit le mystère de la fécondation. Instruits du lieu où il s'opère, il ne nous reste plus qu'à connoître le tems, & le comment. Le tems est facile à sçavoir. Lorsque le printems commence, ouvrez une Ruche, vous n'y trouverez pas un seul Mâle; depuis la mi-Mai jusqu'à la fin de Juin, vous en trouverez des centaines; depuis la fin de Juin, jusqu'au printems suivant vous n'en revoyez plus. Le tems de la fécondation ne peut donc être que celui où il y a des Mâles, c'est-à-dire, pendant environ six semaines, prises dans les mois de Mai & de Juin. A l'égard du comment, ou de la maniére dont les choses se passent, pour opérer cette fécondation, c'est ce que j'ai vû, & dont je puis vous rendre un compte exact. J'ai trouvé le secret de forcer une Mere Abeille à se comporter en ma présence, comme elle se comporte dans le fond de sa Ruche.

Clarice. Prenez garde, Eugene, les Sçavans peuvent avoir la liberté de voir ce que les Dames n'ont pas celle d'entendre.

Eugène. Il y a des moyens de parler à l'esprit, sans choquer les oreilles; ce sont ceux dont j'aime à me servir. Vers la fin du mois de Mai, je pris une Mere qui avoit déja donné naissance à un grand nombre de Mouches, & qui étoit en train de la donner à bien d'autres. Je la mis dans l'un de ces verres que l'on appelle *Poudriers*, où je la renfermai avec sept ou huit Mâles. J'étois curieux de voir comment ils se comporteroient avec elle, ou elle avec eux. Ils avoient été pris dans sa propre Ruche, ils étoient du nombre de ses maris. Ils la traiterent cependant avec une indifférence à laquelle je ne m'attendois pas. Pendant près de deux heures que je les laissai ensemble, il ne fut absolument question de rien entre eux; chacun resta de son côté dans une inaction parfaite, comme gens qui ne se seroient jamais connus.

CLARICE. Il me paroît que cette expérience n'est pas trop à l'avantage de ce que vous voulez me persuader.

EUGENE. Quand on fait des expériences de cette nature, il est aussi avantageux de connoître ce qui peut les faire manquer, que ce qui les fait réussir. Celle-ci ne réussit pas par les raisons suivantes. Pour avoir cette Mere Abeille, j'avois plongé toute la Ruche dans l'eau, & par ce moyen j'en avois retiré la Reine presque noyée. Revenue donc depuis peu de tems des portes de la Mort, il n'étoit pas étonnant qu'elle n'eût pas les appétits qui sont l'effet d'une pleine santé ; d'ailleurs elle étoit dans le fort de sa ponte, tems où tous les animaux des deux sexes n'ont aucuns desirs respectifs ; enfin elle n'étoit pas une jeune mere ; l'état de ses aîles prouvoit son âge, comme les rides de notre visage prouvent notre vieillesse : ses aîles étoient dechiquetées, les bords en tomboient par lambeaux. Les observations que j'avois envie de faire demandoient donc que j'enfermasse avec des mâles une femelle qui n'eût eu encore aucune, ou au moins très-peu de communication avec eux. Vers la mi-Juin, on m'en rapporta une, que j'eus lieu de croire être telle qu'il me me la falloit. Elle avoit été trouvée le matin auprès d'une Ruche, dans laquelle un essaim avoit été mis la veille. Car, comme je vous l'ai déja dit, il y a quelquefois des Reines surnuméraires dans les essaims ; celle-ci en étoit une de l'essaim dont je viens de parler, qui avoit apparemment sauvé sa vie par la fuite. Le bon état de ses aîles, sa couleur, faisoient juger qu'elle étoit encore jeune ; & le volume de son corps moins grand que celui d'une femelle prête à pondre, sembloit prouver qu'elle n'avoit que des œufs extrêmement petits. Je la renfermai dans un poudrier, où je mis bientôt avec elle un mâle, que j'avois fait prendre dans une de mes anciennes Ruches. Je reconnus le caractère de la jeune Reine aussi-tôt qu'il eut été mis à l'épreuve. Je n'avois jamais vû que des Reines accoutumées à être fêtées à chaque instant par les Mouches Ouvriéres, à en recevoir des préfens de miel, mille careffes, mille petits foins de toute efpéce. Auffi vis-je, avec quelque furprife, que toutes les prévenances que les Abeilles ordinaires ont pour une mere, la jeune Reine les avoit pour le Fauxbourdon que j'avois mis auprès d'elle. Non contente de s'être approchée de lui, elle ne tarda pas à allonger fa trompe, tantôt pour lécher fucceffivement différentes parties du corps de ce mâle, tantôt pour lui offrir du miel; elle tournoit tout autour de lui, en le careffant toujours, foit avec fa trompe, foit avec fes pates. Le Fauxbourdon foutenoit ftupidement tant d'agaceries, comme fi elles lui euffent été dûes, il n'en paroiffoit aucunement touché. Il fembloit que ce fût par bonté qu'il fe laiffoit flatter; cependant au bout d'un quart-d'heure il parut s'animer un peu ; & lorsque la femelle placée vis-à-vis de lui en regard, eut brossé avec ses jambes la tête de cet insensible, & qu'elle eut fait jouer doucement ses antennes, le mâle se détermina enfin à répondre à ses avances par d'autres de la même nature. La femelle redoubla pour lors de vivacité, & se mit dans des positions qui ne s'accommodent pas avec les idées qu'on a voulu nous donner de sa pudeur ; c'est se servir d'un terme foible, que de n'appeller ces positions qu'immodestes : elles affectoient une supériorité qui nous est inconnue, une supériorité qui renversoit l'ordre général de la Nature, en soumettant le genre le plus noble à l'autre. Tous ces empressemens ne furent cependant pas inutiles à cette Reine passionnée ; son indolent époux en devint plus actif, il s'anima de plus en plus. On put voir, & je vis distincte-

Q ij

ment que plusieurs de ces organes que vous avez vûs dans son intérieur, lorsque je vous ai fait l'ouverture d'un pareil mâle, parurent au-dehors. Tout ce manége dura trois ou quatre heures, pendant lesquelles il y eut des tems de repos & des reprises d'amour. Enfin le Fauxbourdon tomba dans un repos qui parut à la Reine d'une trop longue durée. Elle voulut le tirer de sa léthargie, elle le saisit par le corcelet avec ses dents, elle le souleva un peu ; quelquefois, pour le soulever davantage, elle faisoit passer sa tête sous le corps ; mais tant de soins empressés furent inutiles, il étoit mort.

CLARICE. Comment ! que dites-vous ?

EUGENE. Je dis qu'il étoit mort; & il n'est pas le seul que j'aie vû mourir dans ces momens critiques. Je conçois qu'un trépas si prompt dans de pareilles circonstances, peut vous paroître suspect, ou au moins un événement bien extraordinaire, mais les suites ne le sont pas moins. Quand j'eus reconnu que ce petit animal étoit absolument privé de la vie, je ne songeai plus qu'à consoler sa veuve, & je crus ne pouvoir mieux faire pour cela, que de lui présenter un autre époux jeune & plein de vigueur.

CLARICE. C'est-à-dire, que vous raisonnâtes sur le compte de cette Abeille, suivant les principes malins qui font raisonner vos semblables sur le compte de notre sexe. Un Philosophe de votre trempe auroit-il encore quelque teinture des préjugés vulgaires?

EUGENE. Rendez-moi plus de justice. Je ne pensois à aucun rapport injurieux aux Dames, je ne voulois que traiter cette Abeille en bête, mais à mon grand étonnement, elle se comporta presque en femme vertueuse. Le vivant ne la consola point du mort. Elle demeura tout le reste du jour attachée auprès du cadavre de cet époux infortuné, continuant de lui rendre les mêmes soins & de lui faire les mêmes caresses qu'elle lui faisoit pendant sa vie. La veuve de Mausole ne fit pas mieux son devoir.

Clarice. Vous commencez à m'intéresser pour cette tendre Reine, je suis curieuse de son sort.

Eugene. Vous en serez bientôt éclaircie. La nuit étant venue, je retirai du Poudrier les deux époux, le vivant & le mort, & je renfermai à leur place une centaine d'Abeilles ordinaires pour tenir notre Reine chaudement pendant la nuit. Le lendemain matin je lui présentai un nouvel époux. J'en donnai un pareillement à une autre Reine qu'on m'avoit apportée pour doubler l'expérience. Les deux femelles se comporterent de la même façon, que la premiére des deux s'étoit comportée la veille avec un mâle en santé.

Clarice. Voilà qui gâte tout. Une seule nuit fut donc suffisante pour que votre Artémise oubliât son Mausole ?

Eugene. Ne lui faisons point un crime de ce que nous approuvons parmi nous. Nous ne trouvons point à redire qu'une jeune veuve prenne de nouveaux engagemens après l'année de son veuvage. Une nuit d'Abeille peut être équivalente à une de nos années. Le tems doit être mesuré sur la durée de la vie. L'animal qui n'a que trois ou quatre ans à vivre, ne peut pas mettre un intervalle si long entre deux actions, que celui qui en a soixante & dix ou quatre-vingt. Au surplus, de tout ce que vous avez vû, & de tout ce que nous venons de dire, nous sommes en droit d'en conclure, que dans la Ruche la mere Abeille agit comme elle fait dans les Poudriers ; & par conséquent que les Abeilles naissent comme les autres animaux, & non de corruption.

CLARICE. Cela me paroît extrêmement vrai. Mais je n'en trouve pas moins étrange que cette Reine remplisse les devoirs de son sexe d'une maniére si opposée à l'ordre naturel.

EUGENE. Ce renversement d'ordre ne doit point vous surprendre, il est même nécessaire dans ce cas-ci : car dès qu'il a été établi qu'une seule femelle habiteroit avec un millier de mâles, il devoit l'être que ces mâles feroient tous endormis, qu'ils ne pourroient être réveillés que par elle, qu'elle seroit libre de choisir entre tous celui qu'elle voudroit honorer de ses faveurs. Vous concevez facilement quel cahos, quelle terrible
situation

situation ce seroit pour une femme de se trouver au milieu, & à la merci d'une foule de maris actifs & pétulans, qui voudroient tous être les maîtres dans le même moment.

Clarice. Vous avez raison, cela se conçoit aisément ; l'imagination n'a pas besoin d'être aidée, pour se faire une juste image des désordres qui en résulteroient.

Eugene. Vous sçavez donc maintenant, Clarice, comment la mere Abeille devient féconde; vous sçavez ce qui la met en état de mettre au monde une nombreuse postérité. Nous verrons la premiére fois que nous nous retrouverons ici, comment elle s'acquitte de cette importante & laborieuse fonction. C'est-à-dire, que nous parlerons de sa ponte, & à cette occasion, des hommages & des respects que les autres Abeilles lui rendent.

VI. ENTRETIEN.

De la Ponte de la mere Abeille, & des hommages qu'on lui rend.

EUGENE. JE me fais une fête, Clarice, de vous entretenir aujourd'hui de la ponte de la mere Abeille, & peut-être de vous la faire voir. La saison étant favorable, (car le fort de la ponte est vers la fin de ce mois de Mai, & au commencement du suivant) j'espère que nous pourrons prendre la Reine sur le fait, & la rencontrer pendant qu'elle ira d'alvéole en alvéole, plantant un œuf dans chacun, semant, pour ainsi dire, sa postérité. Cette opération est d'une grande importance; ce n'est pas la Reine seule qui y est intéressée, toute la Ruche y prend part, c'est l'affaire de tout le monde, & le salut de l'état.

Clarice. Quand il seroit question de la naissance d'un Dauphin, vous n'en parleriez pas avec plus d'emphase.

Eugene. La parité y est par rapport à l'intérêt public, mais, à la vérité, la différence est grande dans le fait. Dans le dernier cas les Reines ne donnent qu'un successeur au chef de l'empire ; dans l'autre, la reine Abeille doit mettre au monde un peuple entier avec son chef.

Clarice. C'est-à-dire, qu'elle pond le Monarque & la monarchie.

Eugene. Cela est exactement vrai. Rappellez-vous ce que je vous ai déja dit, que, lorsqu'un essaim, ayant une Reine à sa tête, arrive à une Ruche vuide, les Abeilles ouvriéres se mettent dans le moment au travail ; qu'elles n'ont rien de plus preſſé que de conſtruire des alvéoles ; qu'elles ſe livrent à cet ouvrage avec un zéle & une activité prodigieuſe : un gâteau de cire de vingt pouces de long, ſur ſept ou huit de large, eſt l'ouvrage de vingt-quatre heures. Ce n'eſt pas principalement pour avoir des alvéoles où elles puiſſent mettre du miel en réſerve, qu'elles redoublent alors d'activité ; un motif plus puiſſant paroît les animer, elles ſemblent ſçavoir que leur Reine eſt preſſée de faire des œufs, & qu'il faut une cellule à chacun de ceux qu'elle eſt prête à pondre. Je ne vous décrirai point aujourd'hui la maniére dont les Abeilles conſtruiſent ces cellules ou alvéoles, ce ſera une ample matiére d'entretien pour un autre jour. Contentons-nous à préſent de voir au travers de cette Ruche vitrée, une mere Abeille dans cette fonction qui distingue les femelles des mâles.

CLARICE. Que vois-je, Eugene ? Voilà notre Ruche dans un état bien différent de celui où elle étoit il y a trois jours ; elle ne paroît que comme une Ruche commencée, au lieu qu'elle étoit, lors de notre dernier entretien, une Ruche ancienne & bien garnie. Lui seroit-il arrivé quelque malheur ?

EUGENE. Tout le mal ne vient que de moi. La derniére fois que nous nous séparâmes, j'allai faire préparer cette Ruche pour le dessein que j'avois en tête, qui étoit de vous faire voir une mere Abeille pondant. Pour y parvenir, j'ai fait passer dans une Ruche nouvelle, par le moyen de la fumée, toutes les Abeilles qui étoient dans celle-ci ; j'en ai enlevé les gâteaux, & après l'avoir fait nétoyer & parfumer par-dedans, je l'ai présenté à un jeune essaim qui étoit aux champs, & qui cherchoit gîte ; il n'a pas fait beaucoup de façon pour y entrer. A peine y a-t-il deux fois vingt-quatre heures qu'il est logé dans cette Ruche, qu'il y travaille, & que probablement la Reine y pond ? Penchons-nous donc vers ce carreau de verre, appliquons notre vûe sur ces nouveaux gâteaux, qui ne sont pas encore en assez grand nombre pour s'offusquer les uns les autres. Je ne doute point qu'avec un peu de patience nous ne parvenions à voir la Reine entrer dans ces cellules vuides que vous voyez devant vous, & dont la plus grande partie est destinée à recevoir ses œufs.

CLARICE. Je ne les perdrai point de vûe. Mais pendant que nous n'avons rien à faire, & en attendant que cette Reine se montre, je vous demanderai le dénouement d'une difficulté qui m'embarrasse. Cet essaim, que nous voyons préfentement travailler, qui n'a quitté que depuis deux jours la Ruche où il eſt né, qui ne peut datter ſa naiſſance que de très-peu de jours auparavant, comment eſt-il iſſu du corps de la Reine qui eſt née apparemment en même tems que lui ? Comment peut-on dire que cette Reine eſt la mere de ſon peuple ?

EUGENE. Auſſi ne doit-on pas le dire à préſent. Ce n'eſt pas ici le tems de ſe ſervir de cette expreſſion. Pour vous mettre plus au fait, vous devez ſçavoir qu'une Ruche eſt un cercle continuel de vivans & de mourans. Comme il falloit prendre ſur ce cercle un point fixe, pour ſuivre la vie d'un peuple d'Abeilles depuis ſa naiſſance juſqu'à ſa fin, je ſuis parti d'un eſſaim, c'eſt-à-dire, de la ſortie d'une colonie pour fonder une nouvelle Ruche. Cette époque m'a paru la plus commode. Les

Mouches destinées à cette transmigration, ne sont pas uniquement celles qui sont nées les derniéres, il y en a d'anciennes qui se mêlent avec les nouvelles ; une partie est de celles de l'année précédente, une autre partie est née, comme vous l'avez dit, depuis peu de jours : mais la Reine est toujours du nombre de celles-ci, & par conséquent une jeune mere. Quand les Romains envoyoient des colonies repeupler des pays qu'ils avoient ravagés, ils les composoient pareillement de gens de tous âges, afin que de la vivacité des jeunes, tempérée par la prudence & la lenteur des vieillards, il en résultât un esprit de sagesse, de vigilance & de bon gouvernement.

CLARICE. Vous me débitez-là rapidement un fait que je trouve un peu difficile à croire : vous avez cru peut-être qu'en l'ornant d'une jolie comparaison, je n'y regarderois pas de si près. Cependant il me paroît difficile que vous ayez pû discerner sans équivoque les différens âges des Mouches, celles de l'année derniére, & celles de cette année. Toutes celles que je vois actuellement, me paroissent assez semblables. Je ne crois pas que vous vouliez me faire entendre que vous sçavez distinguer les traces & les rides que le tems imprime sur le visage d'une Abeille.

EUGENE. Pardonnez-moi. C'est presque cela que je veux vous dire. Je vous ai promis, Clarice, que je ne vous dirois rien de faux, rien d'exagéré quant aux faits; car pour les expressions, je me donne un peu plus de licence : vous me connoissez assez pour que ma promesse vous soit un garant sûr de la vérité de mes récits. Si les expériences & les observations par lesquelles nous nous assurons des faits, étoient des manœuvres délicates qui dépendissent d'un tour de main, d'un coup d'œil, d'un moment rapide & passager, vous seriez bien fondée à ne vous y fier qu'avec retenue, & moi-même je n'en tirerois des conséquences qu'avec la plus grande circonspection. Mais celles que j'ai faites sur les Abeilles, sont si faciles, & pour ainsi dire, si grossiéres, que ce seroit se faire un mérite mal placé, que d'en parler avec une timide assurance. Qui s'est accoutumé à voir les Abeilles de l'année courante, & celles de l'année précédente, a bientôt reconnu que les premiéres sont brunes, & ont des poils blancs, & les autres des poils roux & des anneaux moins bruns; ces deux couleurs sont affectées aux différens âges. Parmi celles qui se mettent à la suite d'une nouvelle Reine, on en observe de ces deux couleurs, & de toutes les nuances moyennes qui sont entre deux. Joignez à cette observation celle de l'état des aîles qui sont saines & entiéres dans la jeunesse, & qui dans un âge plus avancé se frangent & se déchiquetent à force de servir. Enfin si on examine celles qui sont restées dans l'ancienne Ruche, on y en remarquera de même de jeunes, de vieilles, de celles d'un âge moyen. L'essaim est donc composé d'Abeilles de tout âge, & il reste des Abeilles de tout âge dans la Ruche. Celles qui se trouvent à la porte quand une Reine prend congé, sont celles qui sortent avec elle, & qui composent cette troupe formée au hazard, que nous appellons un *Essaim*.

CLARICE. Il faut donc dire, suivant vous, pour parler avec exactitude, qu'une mere Abeille qui conduit un essaim dehors, n'en est que la sœur, qu'elle est une jeune sœur accompagnée de freres aînés & de freres cadets, qui tous ont eu une mere commune, qu'ils ont abandonnée pour aller chercher une demeure plus commode en pays étranger ; que celle-ci deviendra mere à son tour, à son tour aussi sera abandonnée par une partie de ses enfans, qui iront chercher fortune ailleurs pour débarrasser la maison.

EUGENE. Vous voilà parfaitement au fait. Il faut seulement ajouter que c'est avant cette derniére transmigration, & pendant que la jeune Reine multiplie par une ponte continuelle le nombre de ses sujets, jusqu'à les obliger de se partager, qu'elle peut être appellée avec justice la mere de son peuple, ou au moins de la partie de son peuple qui est née d'elle dans sa Ruche.

CLARICE. Ah ! Eugene, ne seroit-ce point là cette mere tant attendue, qui s'avance au milieu d'une foule de ses courtisans? Parlons bas, de peur de l'effaroucher.

Eugene. Ne nous contraignons point, ca ce n'est point elle. Je ne puis vous dire ce que fait là ce petit groupe de Mouches que vous avez pris pour la Reine & sa cour; mais je vois que ce ne l'est pas.

Clarice. Cela étant, pour remplir un tems qui seroit perdu dans le silence, je m'en vais continuer à vous faire des questions convenables au sujet présent. Cette Mouche que nous attendons avec tant de patience, & qui pond actuellement au fond de la Ruche, ne pond pas sans doute des œufs inféconds; quel tems a-t-elle pris pour leur donner la vie ? Est-ce pendant qu'elle étoit dans sa Ruche natale; est-ce depuis sa sortie & son établissement ici ? Ses nôces, pour me servir de votre expression, se sont-elles célébrées avant que de se mettre à la tête de la troupe qu'elle devoit conduire dehors, ou dans le repos que son nouveau domicile lui a procuré? En un mot, quel âge avoit-elle lorsqu'elle est devenue capable d'être mere?

Eugene. Une jeune mere est en état de conduire un essaim hors de la Ruche où elle est née, quatre ou cinq jours après qu'elle y a paru avec des aîles, c'est-à-dire, qu'elle est sortie de son état de Nymphe, (je vous expliquerai dans un autre tems ce que c'est que cet état de Nymphe) & quand elle se détermine au voyage, ses œufs ont déja été fécondés. Ainsi c'est dans un intervalle de quatre ou cinq jours que son sexe se développe, & qu'elle en fait usage; j'ai bien des preuves qui concourent à établir ce fait. J'ai trouvé des essaims où il n'y avoit pas un seul mâle. Dans une Ruche où un essaim n'étoit établi que depuis vingt-quatre heures, j'ai souvent observé des gâteaux dans les cellules desquels j'ai vû des œufs.

CLARICE. Que vois-je? Qu'est-ce que c'est que ce tumulte? Est-ce la Reine qui s'avance?

EUGENE. Ce pourroit bien être elle. Attendons un moment.... Non, ce ne l'est point encore.

CLARICE. Questionnons donc; car c'est en questionnant que j'aime à m'instruire; je vois ici beaucoup d'alvéoles à demi-formés, & comme abandonnés par les Mouches, cela m'a l'air de cire assez mal employée. Est-ce que la joie des couches de la Reine feroit tourner la tête à son petit peuple? Ou est-ce qu'il oublieroit de tems en tems cette fine Géométrie que vous lui attribuez?

EUGENE. Ce que vous traitez d'ouvrage informe, est une des plus

plus admirables prévoyances de nos petits animaux. Il y a des tems où elles font preſſées par l'ouvrage, comme quand elles ſçavent qu'elles ont affaire à une Reine preſſée elle-même de pondre. En ce cas, elles ne donnent aux nouvelles cellules qu'une partie de la profondeur qu'elles doivent avoir; elles les laiſſent imparfaites, & différent de les finir, juſqu'à ce qu'elles aient ébauché le nombre de celles qui ſont néceſſaires pour le tems préſent. Vous ne voyez pas même encore ici de cellules de Fauxbourdons, ni de cellules royales. C'eſt que ces Mouches ouvriéres, ces Mouches qui n'ont point de ſexe, ſemblent ſçavoir ce qui ſe paſſe dans le corps de leur Souveraine, & même ce qui s'y paſſe comme une ſuite néceſſaire de ſon ſexe. Elles ſçavent ſi elle eſt fécondée, ſi ſa ponte ſera abondante; elles ſçavent qu'elle

Tome I. S

fera plusieurs milliers d'ouvriéres semblables à elles, plusieurs centaines de mâles, & trois ou quatre, & quelquefois plus de quinze ou vingt femelles; elles sçavent que les femelles sont plus grandes que les mâles, les mâles plus grands que les ouvriéres; que la Reine ne pondra des œufs mâles, qu'après avoir mis au monde un grand nombre d'ouvriéres, & qu'elle ne donnera naissance aux œufs femelles qu'après les mâles; & comme elles sçavent tout cela, elles bâtissent des alvéoles proportionnément au nombre & à la grandeur des sujets, & suivant les tems où ils doivent naître.

CLARICE. Vous leur donnez là bien de la science.

EUGENE. Je vous ferai voir dans un autre tems qu'on ne peut la leur refuser.

CLARICE. Ho! pour le coup la voilà.

Eugene. Ce n'eſt point elle encore. Mais en attendant qu'elle paroiſſe, je prendrai l'occaſion d'un petit mot que vous venez de dire, pour relever une erreur des Anciens. Vous me demandiez ſi c'étoit la joie des couches de la Reine qui avoit fait tourner la tête à ſon petit peuple. Quelques Auteurs nous ont donné le tems où la Reine fait ſes œufs, pour un tems de fête & de réjouiſſance, pendant lequel tout vacque dans la Ruche. Ils ſe ſont trompés. Si cela étoit, ce petit peuple ſeroit trop heureux, il ſeroit preſque toujours en joie. Car la mere pond dans la plûpart des mois de l'année. Cependant à force de ſe réjouir, il courroit riſque de mourir de faim. Dans les plus grandes Monarchies, pendant que la Reine donne à l'Etat un héritier préſomptif, les Artiſans ſont occupés dans leurs boutiques à leurs travaux ordinaires ; le peuple ne sçait rien de ce qui se passe alors d'important au palais de son Roi, ou agit comme s'il n'en sçavoit rien. Il en est de même dans chaque monarchie d'Abeilles : les travaux publics ne sont point interrompus pendant la ponte de la mere; on y apporte le miel & la matiére de la cire, on construit, on polit des cellules tout comme à l'ordinaire. Votre patience, Clarice, ne sera pas exercée plus long-tems, voici la Reine qui s'avance avec tout son cortége. Je vous laisse le plaisir de démêler vous-même les divers soins ausquels s'occupent les sujets qui composent cette petite Cour.

Pl. VI. Fig. 2.

CLARICE. La voilà, je la vois, cette Reine tant desirée, au centre de dix ou douze Abeilles qui l'environnent; je la reconnois à sa grandeur, à ses aîles courtes qui lui font comme un mantelet; j'admire la gravité, &, pour ainsi dire, la majesté avec laquelle elle conduit ses pas. Elle entre dans un alvéole, où elle va sans doute déposer un œuf.

Eugene. Elle n'y entre que pour cela. Mais remarquez bien que c'est en deux tems, & de deux différentes façons. Elle est entrée d'abord la tête la premiére, & après y avoir demeuré quelques momens, elle en est ressortie. Elle y entre présentement en sens contraire, ce qu'on appelle à reculons; la premiére fois, c'étoit pour examiner si l'alvéole étoit vuide, net, & s'il n'y auroit rien de nuisible au précieux dépôt qu'elle va lui confier; la seconde fois, c'est pour y déposer son œuf.

Clarice. Comment, elle sort déja! Un œuf est donc bientôt déposé? C'est, à ce qu'il me paroît, l'ouvrage d'un moment. La voilà qui passe à un autre alvéole,

Voyez, Eugene, comme toutes ces Abeilles se mettent en cercle autour de leur Reine; comme toutes ont la tête tournée vers elle, comme elles la contemplent, comme elles lui font des démonstrations avec leur trompe : on diroit qu'elles cherchent à faire leur cour, & à se rendre agréables à leur Souveraine, qu'elles lui présentent des hommages & des respects.

pl. VI.
Fig. 2.

Eugene. On le diroit, & je crois en vérité que l'on diroit vrai.

Clarice. Ho ! voici qui est bien plus fort. En voilà une qui la léche, une autre qui la frotte doucement & la nettoie ; celle-ci semble lui offrir du miel au bout de sa trompe. Cependant notre Reine n'avance plus. Est-ce qu'elle se repose ?

lett. A.

Eugene. Il y a bien de l'apparence, car elle se repose ordinairement après avoir pondu cinq ou six œufs de suite.

Clarice. Bon ! voilà les Mouches qui redoublent leurs empreſſemens. En voilà une qui lui léche les derniers anneaux. Ho, les aimables petites bêtes ! ce ſpectacle eſt charmant, & me touche tout-à-fait; car rien ne me remue plus vivement que les ſoins empreſſés & les tendres attentions des enfans pour leur mere, & des ſujets pour leur Souverain. Je voudrois bien ſçavoir préſentement, ſi ces douze Abeilles qui compoſent la Cour de cette Reine mere, qui la ſuivent par-tout avec tant d'amour, ſont choiſis par la Reine, ou députées de la part du Peuple, ou ſi ce ſont les premiéres qui ſe rencontrent au moment de la ponte, & qui d'office exercent les premiéres charges de la Couronne.

Eugene. C'eſt ce que je ne m'amuſerai pas à vouloir deviner; mais au lieu de nous perdre dans des conjectures frivoles, travaillons plutôt à détruire celles qu'on nous a transmises. On a prétendu que les Abeilles faisoient un rideau de leurs corps, pour couvrir la Reine pendant sa ponte ; qu'elles étoient très-instruites de ce qu'elle auroit à souffrir, si elle n'étoit pas cachée pendant une opération qui se doit passer dans les ténébres. On a voulu enfin lui faire honneur jusqu'au bout, d'une vertu qu'elle mérite moins, qu'aucun animal que je connoisse. Car la pudeur n'est nullement sa vertu favorite. Je vous en ai donné des preuves, & vous venez de voir ce qui en est.

CLARICE. J'attesterai, quand vous voudrez, qu'il n'est pas dans la Nature un petit animal plus mal édifiant.

EUGENE. Justifions cependant nos Anciens autant que nous le pourrons. Une partie de leurs erreurs

reurs ne venoit pas toujours du fond de leur imagination, qui cherchoit à s'égayer, & à nous amuſer par de jolis contes; elle venoit ſouvent auſſi d'objets mal vûs, ou d'objets dont l'uſage étoit mal deviné. L'éloge de pudeur qu'il leur a plû donner aux Abeilles, vient de ce qu'ils les ont vûes ſouvent groupées, ou pendues en maſſes, ou en guirlandes; ils ont pris ces maſſes d'Abeilles pour des rideaux qui cachoient des opérations qui ont coutume de ſe paſſer dans l'ombre. Mais à qui voudroient-elles cacher leur Reine? Par qui cette Reine pourroit-elle être vûe ordinairement, que par des Abeilles ſemblables à celles qui la cachent? Enfin, s'il y avoit pour une Mouche de l'indécence à faire des œufs, toute indécence ſeroit ſauvée, dès que la partie d'où ils ſortent eſt cachée dans la cellule. Il peut y avoir des Mouches difpofées en rideau pendant que la mere pond ; mais ce n'eſt pas parce qu'elle pond qu'elles ſont difpofées de la ſorte, c'eſt pour prendre leur repos, comme vous le vîtes lors de notre premier Entretien. Pendant que nous ſommes ſur le chapitre des careſſes & des hommages que les Abeilles rendent à leur Reine, il faut que je vous diſe tout ce que j'en ſçai. Premiérement ne croyez pas que ce ſoit toujours exactement la même cérémonie pour une Reine qui pond, qu'elle ait toujours douze Abeilles pour aſſiſtantes, que ce ſoit toujours la même qui préſente le miel, la même qui broſſe, qui léche, &c. Le cérémonial n'eſt point ſi réglé qu'il ne change ſouvent. J'ai quelquefois vû des pondeuſes qui n'étoient aſſiſtées que par quatre ou cinq Abeilles. Il eſt encore d'autres occasions que celles de la ponte, où ces Mouches rendent des devoirs très-empressés & très-tendres à leur Reine, par exemple, dans des calamités publiques. Je vais vous faire le récit d'une de ces occasions, dont j'ai été témoin & même l'auteur, & qui me fit dans le tems un singulier plaisir. Voulant un jour m'assurer s'il y avoit plus de deux meres dans un essaim, je le partageai en deux parts, que je fis entrer dans deux Ruches différentes, que je tenois prêtes pour les recevoir. Si cet essaim avoit une mere, & s'il n'en avoit qu'une, comme on le prétend communément, cette mere devoit se trouver dans l'une de mes deux Ruches, & il ne devoit pas s'en trouver dans l'autre, c'est ce qui arriva. Je voulois voir encore par cette expérience, de quelle maniére se comportent des Mouches qui ont une Reine, & celles qui n'en ont point. Mais ce n'eſt pas de quoi il eſt queſtion préſentement. Je ne veux vous parler que de ce qui ſe paſſa à l'égard de la Reine, au milieu du déſordre & de la confuſion, qui regnérent pendant le tranſport de la Reine, & d'une partie de l'eſſaim d'une Ruche dans une autre. Après avoir conſidéré pendant moins d'un demi quart-d'heure la Ruche où étoit la Reine, (vous ne doutez pas que toutes ces Ruches qui ſervoient à mes obſervations, ne fuſſent vîtrées de tous côtés) & après que la grande agitation des Abeilles qu'on venoit d'y renfermer eût été un peu calmée, ce fut ce jour-là que je vis pour la premiére fois de ma vie une mere Abeille, elle marchoit alors ſur le fond de la Ruche d'un pas lent, elle y étoit ſeule; & elle me parut ſi négligée par les autres Abeilles, que je fus tenté de croire que tout ce qui avoit été dit de la cour qu'elles lui font, & du cortége dont elle est accompagnée, avoit été plus imaginé qu'observé. Cette Reine abandonnée continuant donc d'aller seule, arriva à un des carreaux de verre, le long duquel elle monta pour se rendre dans l'un des gros pelotons de Mouches, qui s'étoient formés à la partie supérieure. Peu de tems après elle reparut encore sur le fond de la Ruche, étant toujours fort délaissée; après être montée une seconde fois, & avoir été dérobée à mes yeux pendant quelques instans par un gros de Mouches, elle revint pour la troisiéme fois sur le fond de la Ruche. Mais alors douze ou quinze Abeilles se rangérent autour d'elle, & semblérent s'y ranger pour lui faire cortége. Dans les premiers instans d'un grand trouble & d'une grande confusion, on ne songe qu'à soi. Si on se trouvoit dans une grande salle d'assemblée qui fût renversée subitement sens-dessus-dessous, on oublieroit dans le premier moment ce qu'on y auroit de plus cher. Les Abeilles jettées tumultuairement dans une Ruche qui avoit été tournée & retournée en différens sens, avoient été dans un cas semblable. Dans les premiers momens chacune ne pensa qu'à soi ; mais quand elles furent, pour ainsi dire, revenues à elles-mêmes, elles commencérent à songer à cette mere qu'elles avoient oubliée, ou méconnue. La mere avec sa petite suite alla encore se rendre dans un tas d'Abeilles, où elle disparut. Elle n'y resta pas long-tems sans revenir encore se montrer sur la base de la Ruche. A peine y fut-elle arrivée, qu'environ douze Mouches se mirent à sa suite ; d'autres ne tardérent pas à s'avancer vers elle ;

celles-ci se placèrent en deux files sur les côtés, pendant que la mere continua sa marche: d'autres qui venoient à sa rencontre, l'entourroient pardevant. Sa cour grossissoit de moment en moment. Bientôt il se fit autour d'elle une espéce de cercle composé de plus de trente Abeilles. Le rang de celles de devant s'ouvroit à mesure qu'il en étoit besoin, pour lui laisser le passage libre. Quelques-unes s'approchoient de la Reine plus que les autres, elles la léchoient avec leurs trompes. D'autres étendoient leurs trompes, & la présentoient étendue à la sienne pour lui offrir du miel. Je la vis quelquefois s'arrêter pour succer le nectar offert. Quelquefois aussi je la vis succer en marchant la trompe d'une autre Mouche. Tout ce manége dura plusieurs heures, pendant lesquelles je vis à un très-grand nombre de reprises différentes cette même mere, & je la vis toujours avec un cortége de Mouches qui fembloient defirer lui rendre des honneurs, ou plutôt de bons offices. Il y a pourtant des cas où cette mere paroît un peu négligée. Mais on lui rend fi fréquemment des foins & des affiduités, qu'on doit regarder comme certain une grande partie de ce qui a été dit des apparences de refpect des autres Mouches, pour leur Reine.

CLARICE. Ce que vous me dites, ce que j'ai vû, ne me laiffe aucun lieu d'en douter, il m'en refte au contraire une idée affez riante. Je m'imagine voir encore cette Reine majeftueufe en Mantelet, dans les peines de l'enfantement; elle étoit environnée de toutes fes Dames du Palais, empreffées à foulager fes douleurs. J'admirois comme l'une lui préfentoit un bouillon de miel, de quelle façon une autre la peignoit, la décraſſoit, que d'autres l'accabloient de tendres baiſers, s'empreſſoient à lui plaire, & toutes enfin lui offroient des ſervices continuels. Mais pendant que je raiſonne en l'air, voilà notre Reine qui me régale encore une fois de ſa préſence. Elle vient d'entrer la tête la premiére dans un Alvéole, & après en être ſortie ſans y rien dépoſer, elle paſſe à un autre.

Eugene. Je la vois. Je vous ai déja prévenue ſur le choix qu'elle fait des endroits deſtinés à recevoir ſes œufs. La premiére viſite que la Reine rend à un Alvéole, c'eſt pour l'examiner, voir ſi rien n'y manque, s'il eſt bien fait, & bien clos, ſi ſon œuf y ſera en ſureté. Il y a encore une autre raiſon qui nous eſt bien connue, qui la fait paſſer devant un Alvéole vuide ſans s'y arrêter : c'eſt lorſque l'Alvéole eſt trop grand ou trop petit pour l'œuf qu'elle va pondre.

Clarice. Peuvent-ils être trop grands ou trop petits ? Vous m'avez donné ces Mouches pour des Géométres du premier ordre, capables de donner des leçons aux Newtons, aux Varignons ; comment pourroient-elles se tromper dans leurs mesures ?

Eugene. Avez-vous déja oublié qu'il faut dans une Ruche trois sortes d'Alvéoles, dont les uns, qui sont les plus petits, sont destinés pour les œufs, d'où doivent naître des Abeilles ordinaires; d'autres plus grands, pour ceux qui donneront des mâles; & d'autres enfin encore plus grands, & d'une forme différente, pour ceux d'où sortiront des Reines. Les Abeilles ne leur donnent point ces proportions au hazard. Ces proportions se rapportent au nombre & à la quantité des œufs que leur Reine doit pondre, & la Reine de son côté, pour répondre à cette prévoyance, ne doit point manquer de mettre ses œufs dans des Alvéoles correspondans à leur volume : en sorte que quand elle sent que l'œuf qui va sortir, est celui d'une ouvriere, elle choisit le plus petit Alvéole ; si c'est celui d'un Fauxbourdon, elle le dépose, sans se tromper, dans un Alvéole plus grand ; enfin, si c'est celui d'une Femelle ou Reine, elle le porte dans ces grands Alvéoles, que je vous ai qualifiés de Palais des Reines.

Clarice. Vous donnez à notre mere Abeille une connoissance que j'aurois payée bien cher & de bon cœur, dans les premiéres années de mon mariage. Vous prétendez donc qu'elle sent, si ce qu'elle va mettre au monde est un mâle, si c'est une femelle, ou une Abeille sans sexe ?

Eugene. Je n'en fais aucun

doute, puisqu'elle ne se trompe jamais à déposer ses œufs dans les différentes places qui leur conviennent ; puisqu'on ne peut pas dire qu'elle y soit conduite par les yeux, ni par aucun des sens extérieurs, il faut convenir malgré nous, que les Reines des Abeilles ont un sens intérieur par lequel elles jugent, & qui nous est refusé.

Clarice. N'aurions-nous pas quelque droit de nous plaindre de la Nature, qui instruit si bien de simples Mouches, pendant qu'elle nous laisse ignorer de quel sexe est l'enfant que nous devons mettre au jour !

Eugene. Les bêtes sont favorisées de beaucoup d'autres avantages dont nous aurions lieu d'être jaloux, s'ils n'étoient tous plus que compensés par un seul qui nous est propre, & qui éléve notre condition à un rang bien supérieur à celui de tous les autres êtres vivans; cet avantage, ce privilége exclusif, est la raison qui nous apprend à connoître l'Auteur des biens dont nous jouissons, & à lui en marquer notre reconnoissance.

Clarice. Vous esquivez bien chrétiennement la difficulté; on ne peut que vous en sçavoir bon gré en faveur de l'instruction. Pour ne vous point fatiguer d'un trop long entretien, je réduirai à une seule question, ce que je desire sçavoir aujourd'hui de vous au sujet de notre pondeuse. Combien pond-elle d'œufs en un jour?

Eugene. Il y a des tems où la mere passe des jours, & sans doute bien des jours de suite sans faire des œufs; mais ce n'est pas au printems, car c'est alors qu'est le fort de la ponte. Je ne puis vous déterminer au juste le nombre d'œufs qu'elle fait sortir de son corps dans la journée où elle en pond le plus; mais on peut juger combien elle en pond communément par jour dans cette faifon, & ce calcul fe peut tirer du nombre des Mouches qui compofent un effaim. Soit un effaim né vers la fin de Mars, & qui prend l'effor vers le vingt ou le vingt-cinq de Mai. Malgré fa fortie, la Ruche refte fouvent auffi ou plus peuplée qu'elle l'étoit au commencement de Mars. L'effaim, fans être des forts, peut être compofé de plus de douze mille Abeilles. La mere a donc pondu plus de douze mille œufs en moins de deux mois : fuppofons les deux mois complets. Si pour avoir un terme moyen, on divife par foixante jours les douze mille œufs pondus pendant les deux mois, on trouve que la mere Abeille a dû pondre chaque jour environ deux cens œufs. Cette prodigieufe fécondité n'eft point donnée uniquement à notre mere Abeille ; plufieurs Infectes la surpassent en cela ; mais celle de l'Abeille est accompagnée d'une singularité digne de remarque : c'est que la Mouche conserve dans son corps, & pendant très-long-tems des œufs fécondés ; ou bien (& ceci répond mieux aux découvertes de Malpighi, & opère le même effet) elle conserve pendant une longue suite de mois, & sans altération, cette matiére vive & pénétrante, qui lui a été confiée par le mâle, & qui doit donner la vie à ses œufs au tems de leur sortie. Quoi qu'il en soit de ces deux sentimens, la même merveille subsiste. Vous pouvez vous ressouvenir que je vous ai dit, que les mâles d'une Ruche ne vivent que six semaines avec une mere ; que, ce tems passé, ils sont exterminés sans quartier. Cependant la mere qui dès le mois de Juin a été privée de tous ses mâles, ne laissera pas de faire beaucoup d'œufs féconds dans le reste de l'Eté, & au commencement de l'Automne; ce sera sur-tout au printems de l'année suivante, & avant la naissance de nouveaux Fauxbourdons, qu'elle pondera assez d'œufs pour fournir un essaim de Mouches. Ces derniers œufs ont donc été fécondés neuf à dix mois avant qu'ils aient été pondus. Il est fort singulier que pendant que des œufs qui ne sortent avec l'embrion qu'ils renferment, que neuf à dix mois après qu'ils ont reçu la vie, ne sortent pas plus parfaits que ceux, qui, vivifiés dans le même tems, sortent plusieurs semaines après, & dans tous les tems intermédiaires.

CLARICE. Je ne conçois encore qu'obscurément le merveilleux que vous voulez me faire connoître. Ne pourriez-vous pas me le rendre plus sensible?

EUGENE. Une comparaison suffira

fira pour cela. Je la tirerai d'animaux qui vous font fort connus & familiers. Lors qu'au printems vous accouplez vos ferins, pour les faire pondre; fi après la premiére ponte, vous fépariez le mâle de la femelle, & que malgré ce divorce, la femelle feule enfermée dans une cage continuât de vous donner plufieurs œufs pendant le courant de l'année; qu'après avoir paffé l'hiver dans le même veuvage, elle recommençât au printems fuivant à vous donner encore des œufs, & que tous ces œufs fe trouvaffent fécondés, & elle toujours veuve, vous crieriez au prodige: c'eft ce prodige là qui ne l'eft plus dans les Abeilles.

Clarice. Je vous comprends.

Eugene. Puifque vous voulez que notre entretien finiffe ici, faifons-en une petite récapitulation. Je vous ai dit aujourd'hui que les essaims sont composés de Mouches de tout âge, d'anciennes, & de nouvellement nées. Je vous ai dit à quoi on peut connoître l'âge des Mouches ; dans quel tems la Reine a pû être fécondée ; que les Anciens ont eu tort de croire que le tems de la ponte étoit un tems de joie, pendant lequel tout travail cessoit dans les Ruches ; vous avez vû la Reine pondre : vous avez été témoin des respects, des hommages, & des services que les autres Abeilles lui rendent dans cette occasion. Je vous ai appris qu'il y a d'autres circonstances où on lui en rend de pareils ; que les Mouches ouvriéres ne cherchent point à cacher leur Reine pendant sa ponte, comme on le croit communément ; les raisons qu'elle a de préférer des alvéoles à d'autres alvéoles, pour le dépôt de ses œufs ; enfin combien d'œufs elle pond en un jour, & que la plupart de ces œufs ne viennent que long-tems après avoir été fécondés. L'ordre naturel nous ménera à parler la premiére fois de ces œufs; de quelle façon la mere Abeille les pose dans les Alvéoles, & des vers qui en viennent.

VII. ENTRETIEN.

Des œufs, de la naissance, de la nourriture des Vers, des toiles qu'ils filent.

CLARICE. VOus me voyez, Eugene, arrivée la premiére à la Ruche : vous pouvez juger par ma diligence du goût que vous m'avez donné pour connoître les merveilles que nous offrent ces Mouches admirables. Je voulois tâcher d'observer en votre absence, si je ne découvrirois point des œufs, & vous donner le plaisir de me trouver toute instruite. Mais ces œufs sont enfoncés si profondément dans leurs alvéoles, & ces alvéoles sont défendus par une armée de Mouches si bruyantes & si vives, que depuis un quart-d'heure que je suis attachée sur ce gâteau où nous vîmes hier la Reine pondre, je n'ai encore pû découvrir ces œufs que très-confusément.

Eugene. Il faut un peu d'industrie en matiére d'observations, si l'on veut s'épargner bien des peines, & en voir mieux ce que l'on veut voir. Ce n'est point en regardant ainsi de loin, & au travers d'un verre, que vous pouvez voir comme il faut, des œufs d'Abeilles. Voici un morceau d'un gâteau de cire, que j'ai fait couper ce matin dans une de vos Ruches. J'étois bien assuré que j'y trouverois des œufs. J'ai détaché de ce gâteau cet alvéole que je vous présente, ou plutôt cette moitié d'alvéole. Je l'ai coupé suivant sa longueur, afin que vous y puissiez voir l'œuf dans la même place & situation que l'Abeille l'a posé. Ce petit corps blanc piqué comme un clou au fond de la cellule, est l'œuf. Examinons premiérement sa forme.

Pl. VI.
Fig. 3.

let. A.

CLARICE. Je crois que cela ne vous sera pas difficile, puisque cet œuf me paroît fait comme ces petits cornichons dont vous vantez quelquefois le goût.

EUGENE. Cette comparaison donne une idée plus juste de votre malice, que de la figure de l'œuf ; elle n'arrête point l'esprit à une forme déterminée qui nous représente les diverses dimensions qui sont propres à tous les corps ; elle ne nous instruit pas des apparences extérieures qui caractérisent ce que l'on veut faire connoître. Si vous demandiez à quelqu'un, qu'est-ce qu'un Loup ? seriez-vous bien instruite, si quelqu'un vous répondoit : c'est un animal fait comme un Chien ?

CLARICE. Pas trop en effet. Apprenez-moi donc à faire une description dans les régles.

EUGENE. C'est une science née avec toute personne qui a du jugement, il ne tient qu'à vous d'en faire usage. Un œuf d'Abeille a cinq ou six fois plus de longueur que de diamétre; ses deux bouts sont arrondis, mais l'un des deux est beaucoup plus gros que l'autre, c'est celui par lequel l'œuf n'est point attaché : il a un peu de courbure, ce qui vous a donné l'idée d'un cornichon; sa couleur est un blanc un peu bleuâtre qui tire sur le Girasol; sa coque, ce qui lui sert d'enveloppe, est comme celle de beaucoup d'autres Insectes, une membrane flexible, lui-même l'est; on peut le plier presque en deux, & lui faire reprendre ensuite sa premiére figure.

Pl. VI.
Fig. 4.

CLARICE. Plier un œuf est assez plaisant.

EUGENE. Tout plaisant qu'il est, il n'en est pas moins vrai, & également vrai, que cela se peut faire sans intéresser l'embrion. A la vûe simple, & même avec une

loupe

DES ABEILLES. 241

loupe médiocre, cet œuf paroît extrêmement lisse; mais si vous le regardez avec un microscope qui grossisse beaucoup, vous apperceyrez un travail que vous croirez être sur la surface, & qui est peut-être dans l'intérieur. J'y ai vû des traits droits qui forment des espéces de lozanges très-allongés. Quant à la maniére dont il est placé, elle est bien aussi singuliére que sa flexibilité. La Mouche le cole, par le bout le moins gros, dans un angle qui est au fond de l'alvéole, & la situation la plus constante qu'elle lui donne, est d'être paralléle à l'horison. *Pl. VI. Fig. 3. lett. A.*

CLARICE. Paralléle à l'horison! Voilà un mot bien sçavant. Heureusement que la vûe de l'objet me détermine à le concevoir. Je conçois aussi que cette façon de déposer un œuf est bien singuliére. Si mes Poules coloient ainsi leurs œufs à la muraille, il y auroit de quoi rire.

EUGENE. Si c'étoit leur usage, & un usage d'institution naturelle, vous ne vous aviseriez pas d'en rire, votre curiosité vous porteroit seulement à en sçavoir la raison. Je ne puis que soupçonner celle qu'ont les Abeilles d'en user ainsi. Je pourrai vous la dire dans son tems. Suivons le sort de notre œuf. Je vous ai fait entendre que la Mere ne laissoit qu'un œuf en chaque cellule. C'est pourtant une régle qui souffre des exceptions, & le cas où elle en souffre est aisé à prévoir. Si la Mere pressée par le besoin de pondre, ne trouve pas autant de cellules vuides qu'elle a d'œufs prêts à sortir, ou si les Abeilles n'ont pas assez avancé l'ouvrage pour donner une cellule à chacun de ses œufs, il ne lui reste d'autre parti à prendre, que d'en déposer plusieurs dans chaque cellule ; elle y en met quelquefois deux, d'autres fois trois, j'y en ai vû jusqu'à quatre ; mais tous ces œufs surnuméraires y sont en pure perte ; ils ne sont là que pour soulager la pondeuse qui n'a pas le tems d'attendre. Une cellule ne peut servir qu'à élever un ver seul. Il vient un tems où l'Insecte, au sortir de son œuf & sous la forme de Nymphe, remplira la cellule en entier. Deux œufs, & par conséquent trois, & plus, y seroient donc très-mal à leur aise. Les Abeilles qui sçavent cela comme elles sçavent tout ce qu'elles ont besoin de sçavoir, & qui prennent un grand intérêt à la vie des vers, ont soin d'aller de cellules en cellules enlever tous les surnuméraires, & de ne laisser qu'un œuf dans chacune. Je me suis assuré de ce fait par mes propres yeux : une expérience, dont je vous épargnerai le détail, m'en a convaincu. Si ces œufs enlevés par les Abeilles sont détruits, s'ils sont placés ailleurs pour y conserver les embrions, c'est encore une de ces choses que j'ignore. Mais une circonstance, qui ne doit pas être obmise, c'est la distinction que l'on fait des œufs qui doivent donner des Reines. La Reine mere qui sçait ce qu'elle doit mettre au jour, ne manque point de les pondre dans ces grands alvéoles que nous *Pl. IX.* pouvons appeller *Cellules royales*: *Fig. 3.* *let.* A A. il n'y a pas à craindre qu'elle y en mette plus d'un, elle en fait trop de cas pour les traiter comme la foule. Vous voilà parvenue à voir un œuf pondu, & mis en place convenable pour donner naissance à une Abeille. Vous vous attendez sans doute à sçavoir comment il sera couvé. Cet article est encore un de ceux sur lesquels on a eu bien des fausses idées. La plûpart des Auteurs qui ont écrit sur les Abeilles, sans les avoir examinées avec des yeux assez éclairés

& assez attentifs, ont prétendu qu'elles couvoient les œufs déposés dans les cellules, comme les oiseaux couvent les leurs. Plusieurs ont chargé les mâles de cette fonction ; quelques-uns même ne les désignent que par le nom de Mouches couveuses. Vandergroën, dans l'ouvrage qu'il a intitulé, *le Jardinier des Pays-Bas*, veut que, dès qu'un essaim est sorti d'une Ruche, qu'on la renverse, qu'on visite tous les gâteaux, & il prescrit *de couper la tête avec un couteau bien affilé à toutes les Mouches qui couvent, & même à celles de ces Mouches qui ne sont pas encore sorties des cellules.*

CLARICE. Ce burlesque précepte ne me donne pas une grande idée de votre Jardinier Flamand.

EUGÈNE. D'autres Auteurs ont chargé les Mouches ouvrières du soin de couver les œufs : mais tous ces différens sentimens portent à faux.

CLARICE. Pourtant faut-il qu'ils soient couvés ?

EUGENE. Il n'y a pas de nécessité qu'ils le soient. La Nature sçait arriver à ses fins par des voies différentes. La Tortue, l'Autruche, le Crocodile, & toute la nombreuse classe des Poissons ne couvent point. La régle générale parmi les Insectes, est d'abandonner leurs œufs à la disposition de l'air & à la chaleur du soleil. Les œufs des Abeilles ne demandent, pour être couvés, que la chaleur qui est répandue dans la Ruche ; cette chaleur n'est point médiocre ; elle approche fort, & quelquefois surpasse celle qu'une Poule peut donner aux œufs sur lesquels elle reste constamment posée.

CLARICE. Comment avez-vous pû rapprocher ces deux espéces de chaleur pour les comparer ?

EUGENE. C'est par le moyen du thermomètre, & j'ai trouvé que

l'une & l'autre surpasse de deux dégrés celle que nous éprouvons
dans nos étés les plus chauds, comme furent ceux des années 1706.
& 1707. Ainsi les œufs des Poules, & ceux des Abeilles soutiennent le même degré de chaleur,
mais non pas pendant un tems
égal. Les premiers le soutiennent
pendant vingt-un jours, ceux des
Abeilles n'y restent que deux ou
trois jours au plus : en deux ou
trois jours un œuf d'Abeille est
pondu & éclos ; & comme ils sont
pondus successivement, ils éclosent de même pendant tous les
mois de l'année, excepté l'hyver.
Je ne puis vous faire voir comment
ces œufs éclosent, comment le petit en sort, ce sont des momens que
l'on n'a pas à son commande-
ment. Vous vous contenterez aujourd'hui d'en entendre le récit, qui
ne vous fera pas autant d'impression que si l'objet étoit présent.

CLARICE. Faute d'un objet qui puisse soutenir mon imagination, je me représenterai pendant votre discours mes petits Poulets quittant leurs coques, & j'en ferai la comparaison avec vos Mouches sortant de l'œuf.

EUGENE. Gardez-vous bien, Clarice, de comparer des choses si peu comparables. La Nature n'observe plus ici les mêmes loix qu'elle observe dans la naissance des grands animaux. C'est un article qui mérite bien de vous être développé avec quelque étendue, parce qu'il vous disposera à comprendre une métamorphose importante, que les Abeilles subissent peu de tems après leur naissance. Les grands animaux naissent, ou d'un œuf couvé dans le ventre de la mere, si nous nous en rapportons au sentiment d'un grand nombre d'Anatomistes, ou d'un œuf couvé hors de son ventre, ce qui fait nommer les premiers *Vivipares*, & les autres, *Ovipares*. Dans l'un & l'autre cas, ils sortent de l'œuf tout parfaits, ils n'ont plus besoin que de croître. Il n'en est pas de même des Insectes. La Nature paroît avoir fait de plus grands préparatifs pour eux que pour nous. Elle les fait passer, (du moins le plus grand nombre des Insectes aîlés que nous connoissons) par plusieurs états, avant que de les amener à leur perfection; elle les fait être successivement trois espéces d'animaux, qui paroissent à l'extérieur n'avoir nul rapport l'un à l'autre. Prenons l'exemple du Papillon. Il est d'abord contenu dans un œuf, mais que sort-il de cet œuf? Ce n'est point un Papillon, c'est un ver qui extérieurement ne lui ressemble en rien, un ver que vous appellez *Chenille*, qui rampe, qui broute l'herbe, qui a de fortes mâchoires, un prodigieux eſtomac, grand nombre de jambes, qui file, fait une coque avec beaucoup d'art. Après un certain nombre de jours ordonnés par la Nature, ce ver change de forme, & devient ce que nous appellons *Fêve*, ou *Cryſalide* & *Nymphe* dans d'autres Inſectes. L'animal ne prend cette forme qu'après s'être défait de ſa peau, de ſes jambes, de l'enveloppe extérieure de ſa tête, de ſon crâne & de ſes mâchoires, de ſa filiére, de ſon prodigieux eſtomac, d'une partie de ſes poumons. En cet état il ſe couvre d'une membrane dure & ferme, qui l'enveloppe de toutes parts, ſans lui laiſſer la liberté d'aucun de ſes membres : ainſi empaqueté & emmailloté il paſſe un tems aſſez notable, les uns plus, les autres moins, quelques-uns juſqu'à plus d'un an, ſans prendre aucun aliment, & dans une inaction totale. Pendant cette léthargie il se fait une transpiration insensible des humeurs superflues, qui fait prendre de la solidité aux parties intérieures de la Crysalide; & enfin de ce corps mitoyen entre un animal vivant & un animal mort, il en sort un animal qui n'a plus rien de la forme du premier. Le premier rampoit, celui-ci vole; le premier broutoit l'herbe, se traînoit lourdement sur la terre, celui-ci n'habite plus que la région de l'air, ne vit que de miel, de rosée, & du suc extravasé des fleurs; le ver avoit des mâchoires pour hacher, le Papillon n'a plus qu'une trompe pour succer; le ver ignoroit parfaitement les plaisirs de l'amour, il n'avoit aucune connoissance de son sexe; le Papillon semble n'avoir plus d'autres pensées, & n'être né que pour perpétuer son espéce. Les anciens Philosophes ont beaucoup raisonné sur ces changemens, & souvent assez mal.

Quelques-uns ont pris ces changemens pour des métamorphoses complettes, quelques autres ont regardé l'état de fêve, ou crysalide, comme une véritable mort, & le retour de l'animal en Papillon, comme une résurrection parfaite. Il n'y a rien de plus contraire à la vérité, & même à la raison, que ces divers sentimens. Le Ver à soie, dans quelque tems que vous le preniez, soit ver, soit fêve, soit Papillon, n'a jamais cessé de vivre, ni d'être le même animal; la seule différence qu'on peut remarquer dans ses différens états, est qu'il avoit, étant ver, des parties qui devoient être inutiles au Papillon, elles se sont séchées & détruites, lorsque le Ver a pris la forme de fêve ou crysalide: d'autres parties nécessaires au Papillon, comme les aîles, la trompe, les parties de la génération étant inutiles au Ver, n'ont commencé à se développer, que lorsque le tems d'en faire usage s'est approché.

Clarice. Ces parties qui se détruisent au milieu de l'âge de l'Insecte, ces autres qui leur succédent pour l'usage d'un nouveau genre de vie, me paroissent un fait bien singulier.

Eugene. Ce qui vous étonne dans ces animaux, se passe en nous sans nous causer d'étonnement. Combien de parties deviennent inutiles à un enfant qui vient de naître ? Le thymus, le trou oval, parties qui ne vous sont pas, je crois, beaucoup connues, le cordon ombilical que vous connoissez mieux, & bien d'autres, s'effacent & s'anéantissent après la naissance ; d'autres qui étoient inconnues à la premiére enfance, se développent avec l'âge. Cet échange, pour ainsi dire, de parties se fait en plus grand nombre,

& dans un tems plus court, dans les Insectes, ce qui le rend plus remarquable ; c'est aussi ce qui a donné lieu à quelques Auteurs de regarder la Chenille, ou le Ver à soie, comme un animal différent de son Papillon, de penser que le Papillon est un fœtus nourri & élevé dans le corps du Ver : il est aisé cependant de démontrer le contraire. Un fœtus peut périr dans le ventre de sa mere, sans qu'il en arrive d'accident à la mere. La mere subsistoit, rien ne lui manquoit pour être un animal complet, avant la formation du fœtus ; & le fœtus après sa naissance laisse sa mere aussi entiére qu'elle étoit auparavant, parce que la mere & le fœtus sont deux animaux complets, qui ont chacun séparément un cœur, des poumons, un cerveau & toutes les parties nécessaires à la vie. Il n'en est pas de même du Ver, & de son Papillon. Suivons l'exemple du Ver à soie. Si vous avez recours à l'Anatomie, & que vous ouvriez un Ver à soie pendant qu'il est dans l'état de Ver, vous lui trouverez distinctement un cœur, ou une longue artère qui en fait l'office, une moelle épiniére, un cerveau, un grand nombre de muscles, des poumons, ou pour mieux dire, des ouvertures qui en tiennent lieu. Ouvrez un semblable animal étant crysalide, ouvrez-le étant Papillon, vous y retrouverez toujours le même cerveau, la même moelle épiniére, les mêmes muscles, & une partie des mêmes poumons. Toutes ces parties essentielles à la vie & aux mouvemens, sont unes, chacune séparément, ou dans le nombre nécessaire pour un seul animal. Il n'y a donc point deux animaux, car l'un des deux manqueroit d'un cœur, d'un cerveau, de muscles, de poumons,

&c. ce qui ne se peut supposer.

CLARICE. Ce raisonnement me paroît juste. Vous venez, Eugene, de me débrouiller des mystères qui m'étoient tout-à-fait inconnus. J'ai élevé dans ma jeunesse, j'étois même déja grande fille alors, j'ai elevé, dis-je, des Vers à soie, j'en ai nourri, j'en ai fait travailler. Ce que je viens d'entendre me fait rougir maintenant, de la stupidité avec laquelle je les voyois passer de l'état de Ver à celui de fève, de celui de fève à celui de Papillon, sans m'appercevoir de ce qu'il y avoit d'admirable dans ces changemens. Je n'étois touchée que de ces jolis cocons, de cette belle soie jaune ou blanche qu'ils me filoient. J'étois un enfant, car on peut l'être à tout âge, je ne voyois alors que la superficie des choses. Mon peu de discernement ne me laissoit voir aucune merveille dans un sujet qui en offre par tant d'endroits. C'est un malheur pour la jeunesse, lorsqu'elle ne trouve personne qui lui apprenne à voir les objets comme ils doivent être vûs. Ma famille profitera de vos leçons.

Eugene. Vous lui apprendrez encore, que ce ne doit pas être en pure perte pour nous, que le Créateur a répandu tant de miracles de sa toute-puissance sur la terre; que si la raison nous est donnée pour le connoître, c'est dans ses ouvrages que nous devons chercher cette connoissance; c'est-là que nous trouvons ces traits de lumiére qui l'annoncent, qui nous pénétrent, qui nous étonnent, qui nous convainquent, qui nous entraînent à l'adorer, & qui nous font passer de l'adoration à l'amour. Que pensez-vous donc à présent de ces gens qui méprisent, ou traitent de passe-tems puériles, l'étude de l'Histoire naturelle, & sur-tout celle des plus petits animaux; qui s'imaginent, (car ils sont encore ce que vous étiez autrefois, ils sont dans l'enfance, ils ne jugent que par les superficies) qui s'imaginent, dis-je, que plus un corps est petit, moins il mérite d'attention; qu'il est plus noble d'étudier un Eléphant qu'une Fourmi; un Cheval qui nous porte, qu'un Ver sur lequel nous marchons; comme si la Toute-puissance brilloit moins dans un Ciron qui respire, qui marche, qui mange, qui digère, qui produit son semblable, que dans un Tigre ou un Rhinocéros, qui ne font pas autre chose. Ces gens mesurent apparemment la puissance du Créateur au pied, au pouce, à la ligne.

CLARICE. Tout ce que je puis faire pour eux de plus indulgent, c'est d'en avoir pitié. Si je m'en croyois, je ne ſortirois point de ces réflexions, & nous les pouſſerions loin enſemble. Il faut cependant finir. Je conçois donc préſentement, & aſſez nettement, les métamorphoſes des Inſectes, & à quoi elles ſe réduiſent. Ramenons cette connoiſſance aux Abeilles, & ſuivons-les dans leurs trois états.

Eugene. Les trois états de l'Abeille, après être ſortie de ſon œuf, ſont d'être Ver, puis Nymphe, puis Abeille.

Clarice. Vous me devez un éclairciſſement ſur la différence qu'il y a entre Nymphe & Cryſalide.

Eugene. Vous avez raiſon. Quand on traite un ſujet dont on eſt plein, on ſe ſert précipitamment des termes propres au ſujet, ou à l'art dont on traite ; & cela ſouvent ſans s'appercevoir que les perſonnes, à qui l'on parle, ne ſont point obligées de ſçavoir la langue, pour ainsi dire, du pays où on les transporte. C'est une vivacité, ou plutôt, un défaut auquel je suis sujet, mais je compte que vous m'en releverez toutes les fois qu'il sera nécessaire.

Clarice. Rapportez-vous-en à moi, & soyez sûr que je ne vous laisserai passer aucun terme que je ne l'entende bien; vous devez vous en être déja apperçû.

Eugene. Jusqu'à ces derniers tems les Naturalistes se sont souvent servi indifféremment de ces deux termes, Nymphe, & Crysalide, pour exprimer ce qu'en matière de Ver à soie vous appellez Fêve. Mais aujourd'hui le sens en est fixé. Crysalide se dit du changement d'un Ver en fêve, lorsque le Ver, après avoir fait sa coque, quitte sa peau de Ver, se raccourcit, se réduit presque en bouillie, & s'enveloppe d'une membrane nouvelle, qui se desséche & devient solide; cette membrane le conserve comme s'il étoit dans une boëte, il en est tout incrusté. Le Ver à soie & toutes les Chenilles se mettent en crysalides. On appelle nymphe l'état des Insectes qui s'enveloppent d'une membrane transparente, très-fine, flexible, & qui laisse voir la figure du futur Insecte toute formée. C'est l'usage, entr'autres animaux, des Mouches & de nos Abeilles. Mais l'Abeille, avant que d'être Nymphe, est Ver, & c'est comme Ver qu'il nous la faut considérer maintenant. Reprenons notre alvéole coupé, pour nous remettre l'objet sous les yeux. Je vous ai déja dit que l'œuf ne subsiste que deux ou trois jours, après lesquels il en sort un Ver qui tombe sur le fond de l'alvéole. Vous voyez que sa chûte ne peut pas être considérable, & ne peut guéres lui nuire; elle ne peut pas l'in-

Pl. VI. Fig. 5.

Ib. Fig. 3.

commoder autant qu'auroit fait son écaille, qui par ses cassûres auroit pû l'inquiéter, si elle fût restée à côté de lui dans les premiers momens de sa naissance. C'est peut-être cela qui a déterminé la mere Abeille à coler cet œuf à une certaine hauteur. Ce Ver est long : voici un petit dessein que j'ai trouvé dans mes papiers, qui vous donnera une idée *Pl.* VI. suffisante de sa figure. Quand il est *Fig.* 10. un peu avancé de croître, il se tient continuellement roulé en an- *Fig.* 6. neau, & sa tête touche son derriére. Comme il est gras & charnu, le milieu de cet anneau est plein & rempli par les chairs du ventre. Si nous fussions arrivés à tems pour en voir un sortir de son œuf, vous auriez observé, comme j'ai fait souvent, qu'il se tient appliqué contre le fond de sa cellule. Quand il est parvenu à toute sa grandeur, il ressemble, dès la première vûe, à ces gros Vers blancs que l'on trouve souvent dans les troncs d'arbres pourris. Celui-ci est dépourvû de jambes, elles lui eussent été inutiles, puisqu'il doit passer toute sa vie de Ver, roulé & sans changer de place. A mesure qu'il grandit, il devient d'un blanc qui approche du blanc de lait, il est très-foible & engourdi, ce qu'on peut reconnoître par les mouvemens lents & foibles qu'il se donne, lorsqu'on le tire de son alvéole. Sa tête ressemble un peu à celle du Ver à soie, il a comme lui une lévre supérieure & une lévre inférieure, & aux deux coins de la bouche deux crochets écailleux & mobiles, qui en ferment l'entrée en se réunissant. Ces deux crochets répondent aux deux dents du Ver à soie. Cependant le Ver de l'Abeille ne doit être nourri que de bouillie. Pour quel usage la Na-

Pl. VI.
Fig. 7.

let. L L.

ture lui a-t-elle donné des dents écailleuses ? Je n'en sçai rien. On pourroit pourtant soupçonner qu'elles lui seront nécessaires, lorsque le tems de filer sera venu, car il vient un tems où il file. Avant que de quitter cette tête, je dois vous y faire remarquer deux petits *let.* II. globes, qui sont aussi blancs que le reste, mais plus luisans, ce sont les yeux, ou plutôt, ce sont deux fenêtres de crystal qui couvrent ces quinze ou seize mille yeux que vous avez vûs à l'Abeille dans notre second Entretien. Une partie importante, & qui n'est pas *let.* E. trop connue, c'est une filiére posée au-dessous de la bouche, c'est-à-dire, un instrument semblable à celui par le moyen duquel vos Vers à soie vous filoient ces jolis cocons. Quoique ce Ver soit bien nourri, & qu'on ne le laisse point manquer d'alimens, il ne paroît pas qu'il salisse son alvéole par aucuns

cuns excrémens ; sa nourriture se tourne toute en sa propre substance : ce qui fait que dans les saisons favorables, en cinq ou six jours, il a pris tout son croît.

Clarice. Tout ce que vous vénez de me dire est très-curieux, je l'ai écouté avec plaisir ; mais je me crois obligée de vous interrompre, pour vous faire remarquer que vous n'avez point assez d'égard pour mon ignorance, & que vous passez trop légérement sur deux articles qui demanderoient d'être un peu mieux éclaircis. Le premier est cette filiére, & ce talent de filer, que vous donnez peut-être de votre pure libéralité au Ver de l'Abeille, car je n'ai jamais oui dire qu'on trouvât ni soie ni coque dans les Ruches ; cela m'est tout nouveau. Le second, c'est que vous avez conduit ce pauvre petit animal jusqu'au dernier terme de sa croissance, sans lui faire manger le moindre petit morceau. Vous m'avez dit à la vérité qu'on lui donnoit de la bouillie, mais encore faut-il sçavoir ce que c'est que cette bouillie ; quelles sont ses nourrices, comment on lui donne la béquée.

EUGENE. C'est ce que j'allois vous expliquer. Commençons par la nourriture de ce Ver, & comment il la prend. Couché dans le fond de son alvéole, comme cette figure vous le représente, il y est plus mollement que l'on ne pourroit le soupçonner. On y apperçoit une couche assez épaisse d'une espéce de gelée ou bouillie, qui a une couleur blanchâtre ; elle fait, pour ainsi dire, le lit sur lequel le Ver est roulé, ou plus exactement, le dossier de son siége. Cette même matiére sur laquelle le Ver est mollement appuyé, est aussi celle dont il se nourrit : il seroit incapable de l'aller chercher ;

Pl. VI.
Fig. 6.

il ne seroit pas même en son pouvoir de se traîner hors de sa loge, mais il peut y rester tranquille, il y sera toujours pourvû abondamment de tout le nécessaire. Les Abeilles ouvriéres sont les nourrices que la Nature a accordées aux Vers; elle leur a donné pour eux une affection sur laquelle on peut compter plus sûrement, qu'on ne peut compter parmi les hommes sur celle des nourrices que les meres choisissent à leurs enfans. A plusieurs heures du jour, on voit une Abeille entrer la tête la premiére dans la cellule où il y a un Ver, y rester quelque tems; ce qu'elle y fait ne peut être observé, mais on est sûr au moins qu'elle fournit au Ver la matiére dont il doit se nourrir, & qu'elle en renouvelle la provision. Après que cette Abeille est sortie, on en voit quelquefois une, ou plusieurs autres successivement & en différens tems, qui mettent la tête à l'entrée de la même cellule, comme pour reconnoître si le Ver qui y est logé, a tout ce qu'il lui faut; un coup d'œil suffit pour le leur apprendre. Souvent elles passent outre dans l'instant, & ce n'est quelquefois qu'après avoir examiné beaucoup de cellules les unes après les autres, qu'elles entrent dans une, qu'elles ont reconnue n'avoir pas été pourvûe suffisamment. Quand une Abeille reste pendant quelques instans dans la cellule d'un Ver, c'est sans doute pour y dégorger cette espéce de bouillie, ou de gelée, contre laquelle le corps du Ver est appuyé, & dont il est entouré. Quand cela est fait, le petit n'a plus qu'à tourner la tête, ouvrir la bouche & avaler, il n'a pas besoin qu'on lui donne la béquée.

CLARICE. La situation de votre ver me réjoüit. Nos enfans nouveaux nés nous épargneroient bien des peines, si nous en étions quittes pour les poser de même sur un tas de bouillie, qu'on auroit seulement soin d'entretenir en quantité suffisante, & s'en rapporter ensuite à leur discrétion. C'est alors que l'on pourroit dire fort à propos, que les nourrices ont bon tems. Passez-moi ce proverbe trivial, quitte à vous en passer un autre. Voyons donc ce que c'est que cette bouillie, dont les Abeilles nourrissent leurs petits.

Eugene. Vous ne songez pas qu'il vous revient avant cela une observation, dont vous devez être curieuse. C'est la façon dont on traite les œufs & les vers, d'où doivent sortir des Reines. Je vous ai déja dit que ces œufs privilégiés sont déposés dans des Alvéoles beaucoup plus grands que les autres; que ces Alvéoles sont des espéces de Palais, qui ont été préparés pour recevoir ces Mouches importantes & précieuses, qui font l'espérance de l'Etat. Ce n'est pas assez que les personnes d'un rang supérieur soient distinguées par le nombre de leurs serviteurs, par la grandeur de leurs châteaux, elles doivent aussi vivre dans une abondance & un superflu, qui est moins une marque de desirs immodérés, que de la magnificence qui doit toujours accompagner le rang suprême.

Clarice. C'est ce qu'on a dit du plus sage des Rois, qu'il traitoit la sagesse avec magnificence.

Eugene. Vous le direz donc aussi de notre Reine Abeille. Non-seulement les Abeilles ouvriéres dépensent plus en cire pour lui construire une cellule Royale, qu'elles n'en dépensent pour construire cent ou cent cinquante cellules communes, elles lui donnent aussi la nourriture avec excès, & bien au-delà du néceſſaire ; il en reſte encore beaucoup qui ſe deſſéche dans ſa cellule, après que le tems d'en faire uſage eſt paſſé. La cuiſine même a pour elle des ragoûts différens. J'ai tâté de ſa bouillie, c'étoit une eſpéce de ragoût aſſaiſonné, légérement ſucré, & mêlé d'aigre & de poivré. Cette ſauce vous paroît peut-être biſarre, mais chacun a ſon goût. Si l'on donne aux Reines les alimens ſans meſure, & avec une eſpéce de prodigalité, il n'en eſt pas de même des autres vers, leurs morceaux ſont comptés. Leurs nourrices compaſſent leur bouillie de façon, & avec une telle œconomie, que lorſque le tems eſt venu, où le ver n'a plus beſoin de manger, il n'y a rien de reſte. Leur attention pour ces jeunes embrions, ne ſe borne pas à ménager la quantité de nourriture, elle s'étend encore à en proportionner la qualité à l'âge du ver. On fait la bouillie plus légère & plus délicate pour les jeunes, on la fait plus forte & plus substantielle à mesure qu'ils croissent, & qu'ils deviennent plus vigoureux.

Clarice. Il faut absolument que vous ayez passé votre vie dans une Ruche, pour sçavoir de pareilles choses.

Eugene. Cela n'est nullement nécessaire. Il m'a suffit de tâter de cette liqueur en différens tems. J'en ai pris dans la cellule d'un jeune ver, je l'ai trouvée tout-à-fait insipide, & telle qu'une espéce de colle de farine. Quand j'ai goûté de celle des vers qui étoient au-dessus de la moyenne grandeur, je ne l'ai plus trouvée si insipide, elle avoit une légère pointe de sucre, ou de miel. La matiére tirée de la cellule des vers plus âgés, avoit un goût de miel très-marqué, & très-sensible. Enfin, dans la cellule des vers presqu'à terme, c'est-à-dire, qui approchoient du tems où ils doivent cesser de faire usage des alimens, cette gêlée avoit un goût très-sucré, qui n'avoit point le fade du miel, mais seulement une petite acidité. Les différences que le goût fait appercevoir ne sont pas les seules qui se trouvent dans la nourriture préparée pour les différens âges ; des yeux attentifs y en peuvent appercevoir d'autres. La nourriture des jeunes vers ressemble plus à de la bouillie, elle est blanchâtre : & celle des vers plus âgés tient plus de la gelée, elle est plus transparente, le blanc en a disparu ; elle tire tantôt sur le jaunâtre, tantôt sur le verdâtre. Il semble que ce soit par dégrés que les Abeilles conduisent les vers, à être en état de se nourrir du véritable miel, dont ils devront faire usage lorsqu'ils auront pris la forme de Mouches. Quant à l'origine de cette nourriture, je ne l'ai pû connoître : je ne puis vous dire si l'Abeille en fait la récolte, comme elle fait celle du miel, & de la cire. Swammerdam qui l'a observée & étudiée, ne nous en dit rien de positif. Il nous propose une conjecture qu'il détruit lui-même aussi-tôt après, pour en proposer une autre, à laquelle je me rendrois volontiers. Il pense que le miel, & j'y joins la cire brute que les Abeilles ont fait passer dans leur corps, y reçoivent une préparation qui les fait devenir l'espéce de bouillie, qui est l'aliment des vers : en la digérant plus ou moins, elles lui donnent ces différens degrés d'insipidité, ou de sucré, que nous lui avons trouvés. Cela leur suppose une faculté bien singuliére. Lorsque nous avons fait passer des alimens dans notre estomac, nous n'en sommes plus les maîtres ; il ne nous en reste d'autre souvenir que celui que l'intempérance ou la gourmandise peuvent occasionner. Mais il paroît que l'abeille sent tous les dégrés de digestion par lesquels passent les alimens, & qu'elle est la maîtresse de les rapporter à tel dégré de digestion, plus ou moins parfait qu'elle juge à propos, pour faire ces bouillies que nous avons trouvées si différentes en goût.

Clarice. Je n'aurois jamais imaginé que le sens du goût eût été d'un si grand usage en Philosophie. Vous avez goûté du venin de l'Abeille, vous avez goûté de la bouillie, & de la gelée des petits vers. Qu'avez-vous goûté encore ?

Eugene. Swammerdam a poussé la curiosité du goût plus loin que moi. Ces vers de nos Abeilles qui font blancs, gras & dodus, ont tenté son appétit. Il a voulu sçavoir par sa propre expérience, quel goût ils avoient; il nous assûre leur en avoir trouvé un très-désagréable, semblable à celui du suc Pancréatique des poissons.

CLARICE. Suc Pancréatique! Voilà un terrible terme pour une oreille féminine.

EUGENE. Je veux dire un goût semblable à celui du lard rance.

CLARICE. Cela s'entend mieux, & n'en rend pas le mêt plus friand.

EUGENE. Après donc que le ver a vêcu cinq ou six jours, quelquefois un peu plus, suivant que la saison est plus ou moins favorable, il se prépare à se métamorphoser en nymphe.

CLARICE. N'auriez-vous point aussi tâté d'une nymphe sans vous en vanter ?

EUGENE. Vous cherchez, Clarice, à plaisanter, & vous oubliez l'obligation que vous avez au premier qui a ofé donner un coup de dent à une huître fraîche, vous qui étiez tentée ces derniers jours de lui ériger une ftatue. Mais laiffons la plaifanterie, & achevons notre hiftoire. Je n'ai plus guéres de chofes à vous en dire aujourd'hui. Quand les Abeilles s'apperçoivent que le ver a pris tout fon croît, elles ceffent de lui apporter à manger; elles connoiffent qu'il n'en a plus befoin, & qu'il eft tems qu'il fe difpofe à une opération des plus laborieufes, & où fa vie fera en péril. Car le changement des vers en cryfalides, ou en nymphes, eft un paffage auffi dangereux, que parmi nous celui de l'enfantement. Les Abeilles qui ont entretenu le jeune ver jufques-là, ont encore un dernier fervice à lui rendre, auquel elles ne manquent point; c'eft celui de le renfermer dans fa petite loge, d'en murer exactement l'entrée avec de la cire, afin qu'il ne soit point exposé aux visites, qui ne feroient plus que l'inquiéter, & qu'il n'ait même aucune communication avec l'air extérieur. Cela fait, & n'ayant plus d'autres soins à lui rendre, elles l'abandonnent à son sort, c'est à lui seul à pourvoir au reste. Ce reste n'est autre chose que de tapisser son Alvéole de soie. Vous ne serez pas plus disposée que moi à croire que la vanité l'engage à cette dépense. Il faut donc croire que le lit de cire qui convient au ver, ne convient plus à la nymphe. Notre Solitaire prévoit que la peau qui le couvrira après sa métamorphose, sera plus délicate que celle qui le couvroit étant ver, & qu'elle ne doit point être exposée, lorsqu'elle est nouvelle & excessivement tendre, à toucher immédiatement les parois de la cellu-

DES ABEILLES. 279
le. Comme il n'y a plus alors de cette bouillie, qui garantiſſoit le ver de cet inconvénient, la Nature l'a inſtruit à s'en garantir par une autre voie. C'eſt en tapiſſant ſon Alvéole d'une matiére douce, ſéche & ſerrée, qui empêche la cire de pénétrer juſqu'à lui. La Nature en lui donnant cette prévoyance, l'a pourvû en mêmetems de ce qu'il falloit pour y parvenir : elle l'a pourvû d'une proviſion de matiére ſoyeuſe qu'il fait ſortir de ſon corps, & d'un inſtrument propre à la tirer en fil, ſemblable à celui des vers à ſoie. C'eſt cet inſtrument que nous appellons une *filiére*, & que je vous ai fait voir dans ce deſſin. La toile de ſoie que file notre ver eſt extrêmement fine & ſerrée ; elle eſt appliquée contre toutes les faces intérieures de la cellule, elle en ſuit exactement les angles, elle ſert, pour ainſi dire, de doublure *Pl.* VI. *Fig.* 7. *lett.* E.

à tout l'Alvéole, elle est faite de fils de soie très-proches les uns des autres, & qui se croisent. Je n'attendrai pas que vous me demandiez la preuve d'un fait qui vous étoit inconnu, & que vous n'étiez pas tentée de croire. Il n'y a cependant rien de si facile que de s'en convaincre : il suffit de fondre doucement au feu la cire d'un Alvéole bouché ou simplement la briser avec quelque ménagement, la cire se détache, tombe, & la tapisserie de soie qui est plus forte que la cire, reste en son entier, elle reste comme une membrane mince, au travers de laquelle on voit le ver ou sa nymphe. Cette membrane ou pellicule est souvent composée de plusieurs membranes posées l'une sur l'autre, on en pourroit trouver jusqu'à vingt. La raison d'un si grand nombre de doublures mérite d'être sçûe. Lorsqu'un ver après
avoir

avoir tapissé sa cellule, s'est mis en nymphe, puis en Mouche, & que cette Mouche a percé la cloison dont les Abeilles avoient bouché cette cellule, les ouvriéres viennent à l'instant nettoyer la place, enlever toutes les ordures, les vieux habits, ou en termes de l'art, les dépouilles du ver, & celles de la nymphe, mais elles ne détruisent point la tapisserie. L'Alvéole remis dans sa premiére propreté, peut servir à élever un autre ver ; la mere Abeille y vient pondre de nouveau : le second ver qui habite cette cellule, y file, comme le premier y a filé. La même cellule peut donc être tapissée d'une nouvelle toile de soie, plusieurs fois dans une année. Il y a telle cellule qui a servi successivement d'habitation à bien des vers, & qui par conséquent à reçu successivement bien des toiles de soie. La cellule qui en a plusieurs, loin d'en valoir moins, est plus forte & plus solide que les autres, elle est moins en risque d'être brisée, que celles qui ne sont que de cire. La tapisserie soutient & fortifie les murs. Quelques Auteurs ont prétendu que ces cellules étoient tapissées des vieilles peaux dont ces vers se défaisoient dans le tems de leurs changemens; mais ces Auteurs se sont trompés, & n'ont avancé ce fait, que parce qu'ils ignoroient que nos vers possèdent l'art de filer de la soie. Ce que je viens de vous dire ne regarde que les cellules communes; car pour celles qui sont destinées à recevoir des Reines, elles sont traitées avec plus de distinction, elles ne servent jamais qu'une fois : dès qu'une mere Abeille en est sortie, les autres viennent la détruire dans l'instant, elles n'en laissent que les fondemens, sur lesquels elles bâtissent des cellules hexagones.

CLARICE. Voilà donc notre petit ver bien clos & couvert dans son appartement, & assez bien dans ses meubles; nous pouvons l'y laisser. Vous m'apprendrez au premier jour comment il se métamorphose en nymphe.

EUGENE. Cet article ne nous tiendra pas long-tems: nous pourons voir aussi son passage de nymphe en Abeille, & la premiére sortie de l'Abeille.

VIII. ENTRETIEN.

Changement du Ver en Nymphe, de la Nymphe en Abeille. Prolongation à volonté de la vie des Insectes. Première sortie de l'Abeille naissante.

CLARICE. DEPUIS notre dernier Entretien, Eugene, j'ai la tête si pleine de crysalides, d'œufs, de vers, de métamorphose, que je ne sçai plus où j'en suis. Je ne rêve que bouillie, & gelée. Ce matin encore, j'ai poussé la distraction jusqu'à demander à la nourrice de mon enfant, comment se portoit ma petite nymphe; j'appellois son berceau un Alvéole, ses langes des dépouilles. Je me suis avisée de me scandaliser de ce que ce petit innocent ne me rendoit pas des hommages & des respects. Enfin c'étoit dans ma cervelle un tel cahos d'idées nouvelles qui se brouilloient avec les anciennes, que j'ai pensé perdre patience, & renoncer pour le reste de ma vie à voir des Abeilles. Cependant la curiosité me raméne encore. Je veux à toute risque aller jusqu'au bout, & dussai-je devenir nymphe moi-même, il faut que je sçache comment une nymphe devient Abeille.

Eugene. Sans devenir nymphe, ni crysalide, vous sçaurez bien, Clarice, démêler, quand vous voudrez, les anciennes & les nouvelles connoissances. C'est pourquoi je ne ferai point de difficulté de vous raconter les derniers événemens des vers d'où doivent sortir les Mouches à miel. Lorsque le couvercle de cire a été une fois mis à une cellule, le ver qui y est renfermé, de quelque espéce qu'il soit, Femelle, Ouvriére, ou Fauxbourdon, n'a plus besoin de secours étrangers, il est assez grand pour prendre son parti de lui-même ; il se déroule, il s'allonge, il file de la soie, il en tapisse sa chambre, il se transforme ensuite en nymphe, c'est-à-dire, qu'il quitte sa peau de ver, & se revêtit d'une autre beaucoup plus fine, car c'est à quoi se réduit cette premiére métamorphose. Cette nymphe est d'abord extrêmement blanche, par la suite ses yeux prennent une teinture de rouge, qui devient forte de plus en plus ; des poils grisâtres paroissent sur son corps, & sur son corcelet. Quand toutes les parties de la nymphe ont acquis par une transpiration insensible, la consistance qui convient aux parties d'une Mouche, alors l'Abeille est en état de paroître au jour. Elle commence par se défaire de l'envelop-

Pl. VI.
Fig. 5.

pe mince, de cette espéce de voile blanc & transparent, qui tenoit toutes ses parties extérieures emmaillottées, qui la faisoient nymphe. Ensuite elle fait usage de ses dents, pour percer & abbattre cette cloison de cire dont les Abeilles avoient muré l'entrée de sa cellule. Vous avez vû que le ver perce son œuf deux ou trois jours après qu'il a été pondu, qu'il ne prend de nourriture que pendant cinq ou six jours, mais la nymphe reste quinze jours ou environ enfermée. Ainsi on compte dans les saisons favorables vingt-un jours, entre la ponte de la mere, & la naissance de l'Abeille. Dans les tems froids, tous ces progrès sont plus longs; ils sont plus courts dans les tems chauds.

Clarice. Auriez-vous quelque bonne raison à me donner sur cette différence d'accroissement que vous

DES ABEILLES.

vous faites dépendre du plus ou du moins de chaleur? Tous les animaux que je connois ont un terme fixe, qui ne dépend point de la variété des saisons, pour porter leurs petits dans leur sein, où pour couver leurs œufs, il est toujours le même, soit l'hyver, soit l'été.

EUGENE. Je pourrois vous donner au lieu de raisons, bien des exemples d'animaux, dont les accroissemens sont plus prompts dans les tems chauds, que dans les tems froids. Je pourrois même vous mener bien plus loin, en vous faisant voir par des expériences certaines, que nous pouvons nous rendre les maîtres de prolonger ou raccourcir à volonté la vie des Insectes, sans autre mystère que de leur distribuer nous-mêmes les saisons à notre gré. Mais ce seroit un écart qui nous jetteroit trop loin de notre sujet.

CLARICE. Comment! prolonger la vie des animaux à volonté?

EUGENE. Oui. Tel Insecte qui, suivant le cours de la Nature, ne peut vivre que six semaines ou deux mois, je le ferai vivre trois ans, quatre ans, peut-être plus, je n'en sçai pas les bornes.

CLARICE. Ho, vous piquez trop ma curiosité. Il n'y a écart qui tienne, je veux tout-à-l'heure sçavoir ce secret là.

EUGENE. Il faut donc vous contenter. Pour vous rendre la chose plus intelligible, j'aurai encore recours au ver à soie, que vous connoissez si bien, & dont vous sçavez déja les progrès. Il servira d'exemple pour tous les autres Insectes. L'œuf du ver à soie n'éclot ordinairement, que lorsque les feuilles de mûrier commencent à paroître; il vous est pourtant arrivé quelquefois d'avoir des œufs tardifs, qui étoient prévenus par les feuilles ; vous n'avez fait autre chose alors, que de les mettre dans votre sein, & votre propre chaleur a hâté la naissance des vers. Depuis la naissance du ver, jusqu'à son changement en féve, ou crysalide, il se passe trois semaines, ou environ. Pendant ce tems-là l'animal fait usage des alimens, & prend tout son croît. Les progrès de tout ce croît peuvent être rallentis, en tenant l'animal dans un air froid, & accéléré, en le tenant dans un air chaud, mais cela ne peut pas aller bien loin. Aussi n'est-ce pas là l'époque où nous sommes les maîtres de prolonger ses jours beaucoup au-delà du terme fixé par la Nature, de le faire vivre cinq ou six fois, peut-être cent fois plus qu'il n'auroit vécu naturellement. Le ver a besoin tant qu'il est ver, d'augmenter son volume par addition de matiéres étrangères, par les alimens; de donner à ses parties plus de force & de consistance, pour les faire parvenir à cet état que nous appellons *Crysalide*, qui est comme un état stationaire, entre le croît & le décroît. C'est-là que nous pouvons saisir sa vie, la fixer, ou l'abréger, sans lui faire de tort.

CLARICE. Sans lui faire de tort! Je conçois bien que vous ne lui faites aucun tort en allongeant sa vie, mais il me paroît difficile de comprendre que vous ne lui en faites point en l'abrégeant. Pour moi je croirois que l'on m'en feroit beaucoup, si l'on s'avisoit de vouloir retrancher un seul jour de la mienne, & je vous assure que je crierois au meurtre contre qui l'entreprendroit.

EUGENE. Je vois bien, Clarice, qu'il faut vous donner une idée de la vie plus distincte que vous ne l'ayez. Qu'est-ce que la vie?

C'est, suivant l'institution de la Nature, une suite continuée de pensées & d'actions, de degrés d'accroissemens & de décroissemens, pour lesquels il faut un certain tems. Quelque rapides, quelque subits que nous paroissent nos sentimens & nos pensées, les uns & les autres le pourroient être beaucoup davantage. Que manqueroit-il à quelqu'un pour la même durée, ou plus exactement pour la même valeur de la vie, qui, par quelque prodige, auroit eu en peu de mois les mêmes accroissemens & les mêmes décroissemens de corps, & enfin la même suite de pensées & de sentimens, qu'il n'auroit eu naturellement que dans le cours d'une vie ordinaire ? Assurément par rapport au corps, & par rapport aux pensées, il ne lui manqueroit rien ; sa vie, quoique plus courte, seroit aussi complette que si elle avoit eu son cours naturel. Un pere qui pourroit conduire, & qui conduiroit dans quelques semaines, ses enfans depuis la naissance jusqu'à l'âge fait, seroit-il un pere dénaturé ? sur-tout si dans ce peu de semaines, il avoit eu en même tems le talent d'orner leur esprit de toutes les connoissances, qu'ils n'auroient acquises qu'en dix-sept ou dix-huit années de travail.

Clarice. Vous m'embarrassez.

Eugene. Il en est ainsi de l'Insecte que nous tirons de l'état de Crysalide plutôt qu'il n'eût dû en sortir, nous lui faisons parcourir en peu de semaines la même suite de degrés, qu'il n'eût parcouru qu'en plusieurs mois. Cela se fait en l'exposant à un degré de chaleur qui hâte ses accroissemens ; comme lorsque j'ai fait éclorre dans mon poële, au milieu de l'hyver, des Crysalides qui n'auroient dû se développer qu'au mois de Juin ou

Juillet suivant. Voilà pour la vie abrégée des Insectes, passons à la vie allongée. Le Ver ne se met en Crysalide que lorsqu'il n'a plus à croître. Le Papillon est alors tout formé, il n'a plus besoin que d'une transpiration qui le délivre des humeurs superflues, de ces humeurs qui tiennent ses parties comme noyées, & dans une mollesse qui intercepte en partie le cours des esprits animaux, & ne permet point aux muscles, & aux nerfs des membres extérieurs, d'avoir la roideur nécessaire pour les mouvemens. Cette transpiration ne peut être excitée que par la chaleur ; quand la chaleur est plus grande, elle se fait plus promptement, & plus lentement quand la chaleur est moindre. De-là le développement plus ou moins prompt du Papillon. Si cette transpiration étoit arrêtée tout court, vous voyez bien qu'il n'y auroit plus de développement, & l'animal resteroit nécessairement sous la forme de Crysalide: il y resteroit constamment, jusqu'à ce qu'une chaleur nouvelle vînt rétablir la transpiration. Il faut vous prouver à présent ce raisonnement par l'expérience. Vous sçavez que depuis la naissance d'un Ver à soie jusqu'à la mort de son Papillon, il se passe environ six semaines; c'est dans le cours de six semaines que la Nature lui fait parcourir toutes les révolutions de sa vie. Il croît tant qu'il est Ver; devenu Papillon développé, il est à son plus haut période, il ne peut plus que décroître. L'intervalle qui est entre ces deux états, est celui que je viens de vous dire, celui où il est Crysalide. Empêchez cette Crysalide de transpirer, vous arrêterez toute la machine, comme si vous arrêtiez une montre en fixant le balancier. Puisque c'est la chaleur qui excite la fermentation dans l'intérieur de la Cryſalide, & que cette fermentation provoque la tranſpiration, portez votre Cryſalide dans un lieu où elle ſoit privée de chaleur, comme, par exemple, dans une cave fraîche, ou dans une glaciére, il n'y aura plus ni fermentation, ni tranſpiration, du moins dans la cave elle ſera infiniment rallentie, dans la glaciére elle ſera tout-à-fait interdite. J'ai été conduit à penſer ainſi, en obſervant les procédés de la Nature à l'égard des Inſectes. Il y a beaucoup d'Inſectes, & entr'autres une belle & ſinguliére Chenille qui vit ſur le fenouil, laquelle, ſi elle ſe met en Cryſalide dans le mois de Juillet, en ſort en Papillon treize jours après. Mais ſi elle ne ſe met en Cryſalide qu'à la fin d'Août, elle paſſe l'hyver en cet état, & y reſte neuf à dix mois de ſuite. Il étoit facile de conclure de-là, que pour arrêter ou retarder le changement d'une Cryſalide en Papillon, il n'y avoit qu'à lui prolonger ſon hyver. C'eſt ce que j'ai fait. Il y a trois ans que je conſerve dans ma cave des Cryſalides qui ſont encore pleines de vie, & qui n'auroient vécu qu'un mois ou deux, ſi j'avois laiſſé faire la Nature.

Clarice. Voilà une expérience qui eſt non-ſeulement curieuſe, mais qui me paroît des plus intéreſſantes. Je ne doute pas que vous n'en tiriez quelque bon parti pour vous, & j'eſpère que vous m'en ferez part. S'il ne falloit que vivre dans une cave pour jouir de l'immortalité, je pourrois bien m'y réſoudre, & je connois beaucoup d'honnêtes gens qui trouveroient ce ſort aſſez doux.

Eugene. Je me doutois bien, Clarice, que votre imagination ſaiſiroit promptement cette idée ſi flatteuſe de l'immortalité; mais je vous conseille de renoncer à cette espérance. Un tel privilége n'est point fait pour nous. Il y auroit cent bonnes raisons à vous alléguer, tant morales que physiques, je m'en tiendrai à une seule de la dernière espéce. Un des principes de la vie dans tous les animaux, est le sang. Notre sang, comme celui de tous les grands animaux, est d'une nature bien différente de celui des Insectes, si nous voulons donner à celui-ci le même nom. Le nôtre s'épaissit, se coagule, peu de tems après qu'il a cessé de circuler, & lorsqu'il est une fois coagulé, nous sommes parfaitement morts, parce qu'il n'y a plus de chaleur capable de le remettre en liqueur, & de lui rendre sa première qualité ; sans compter, par rapport à nous, qu'il n'y a plus de retour pour l'ame qui est une fois séparée du corps. Le sang des Insectes au contraire se séche, se dissipe, s'évapore, plutôt que de se coaguler. Lorsqu'il est bien enfermé, & à l'abri de toute évaporation, il se conserve un tems notable, pendant lequel il reste toujours en état de fluidité, & prêt à couler de nouveau, lorsque l'air & la chaleur remettront la machine en mouvement.

CLARICE. C'est grand dommage qu'un sang d'une si heureuse constitution ait été donné à des Insectes, par préférence aux animaux raisonnables.

EUGENE. Il reste à sçavoir si c'est pour eux un avantage réel, & s'ils sont en état de profiter de ces deux, trois ou quatre années, & peut-être beaucoup plus que nous pouvons leur donner. Remarquez d'abord que ce n'est point pendant que l'animal est Ver, ni lorsqu'il est Papillon parfait, c'est-à-dire, pendant qu'il jouit de la vie, que nous pouvons lui rendre ce bon office ; ce n'est que lorsqu'il est Crysalide, ou Nymphe. Or l'état de Crysalide & de Nymphe est un état léthargique, pendant lequel la vie doit être d'une parfaite indifférence à l'Insecte, puisqu'il ne fait, & ne peut faire aucunes fonctions animales. Cette léthargie ne peut être mieux comparée qu'à notre sommeil. Que nous serviroit de vivre deux, trois ou quatre cens ans profondément endormis.

CLARICE. Je ne laisserois pas d'y trouver encore des agrémens. Tout le monde est pressé de voir l'accomplissement de ses desirs, & moi plus qu'un autre. Si je pouvois, par exemple, m'endormir aujourd'hui pour cent ans seulement, j'aurois le plaisir à mon réveil de trouver des petits enfans, une belle & nombreuse postérité, des alliances honorables, de beaux emplois dans ma famille, peut-être quelque petit fils Maréchal de France, ou Gouverneur de Province. On dit qu'Alexandre souhaitoit de ressusciter après sa mort; n'avoit-il pas raison? Quelle satisfaction auroit-il aujourd'hui d'entendre le bruit étonnant de sa renommée? de voir que lorsque l'on veut pousser la louange d'un Conquérant jusqu'à l'exagération, on ne sçauroit rien trouver de mieux que de le lui comparer. Combien de choses que l'on ne sçait point aujourd'hui dans les Sciences & dans les Arts, & que l'on sçaura dans cent ans, si votre Académie continue à les perfectionner, comme elle a fait depuis son établissement? Combien de connoissances nouvelles aura-t-on, peut-être même sur les Abeilles, que vous ignorez encore, & que vous achéteriez bien cher?

EUGENE. Retournons la médaille. Tel qui s'endormiroit aujourd'hui pour un siécle, laissant une nombreuse postérité, noble, riche, vertueuse, élevée aux plus hauts emplois, trouveroit à son réveil une famille indigente, des enfans morts dans la misère, d'autres déshonorés, ou traînant une noblesse honteuse dans le vice & l'indolence. Il seroit presque à desirer qu'Alexandre pût ressusciter, pour recevoir le salaire de sa folle ambition, en apprenant qu'aujourd'hui *pour de bonnes raisons*, tous les gens de bon sens *le logent aux petites Maisons ?* Si Descartes revenoit, verroit-il sans dépit les coups terribles que l'on a portés à ses chers Tourbillons, ses trois Elémens contestés, & quantité d'autres idées physiques & métaphysiques, qui lui ont coûté tant de veilles & d'application ? Et nous-mêmes ne nous flattons point, nos successeurs trouveront encore terriblement à reprendre dans notre

Philosophie. Combien de Systêmes qui font aujourd'hui la gloire de leurs Auteurs, feront pitié dans trois ou quatre cens ans, à nos Descendans. Je veux bien me prêter encore pour un instant, à cette agréable & chimérique idée qui vous avoit d'abord flattée. Je suppose que le secret d'allonger votre vie par de longs sommeils fût trouvé, & qu'on vous en fît l'offre, vous y feriez, avant que de l'accepter, des réflexions que vous n'avez pas encore faites. Oseriez-vous vous plonger dans un sommeil d'une longue suite d'années, pendant lequel vous seriez exposée à périr par mille accidens, contre lesquels vous ne seriez point en état de vous défendre, par des incendies, par des inondations, par des meurtres, par les suites des guerres, par l'avidité des héritiers, par la négligence de ceux qui devroient veil-
ler

ler à votre sûreté. Je vais plus loin encore. Soyez assez heureuse pour éviter tous ces malheurs, & réveillez-vous saine & sauve au bout du siécle ; que trouverez-vous dans le monde ? Un monde nouveau, qui ne vaudra pas mieux que l'ancien ; des gens qui vous seront inconnus, & qui ne s'embarrasseront pas trop de vous connoître, des biens partagés entre des héritiers qui ne seront point d'humeur de s'en désaisir. Vous vous serez endormie riche, & vous vous réveillerez pauvre.

CLARICE. Vous me faites trembler, j'aime mieux mourir. Ne songeons donc plus à cette dangereuse chimère. Vous auriez aussi bien fait de ne me point parler de ces expériences, qui ne me laissent que le triste regret d'avoir vû des espérances évanouies aussi-tôt que formées.

EUGENE. Les expériences de

pure curiosité ont leur agrément; mais lorsqu'elles ménent à quelque chose d'utile, le profit en est double; c'est ce qui arrive très-souvent, & quelquefois lorsqu'on y pense le moins; telles sont celles que nous avons faites sur la vie des Insectes.

Clarice. Je ne vois pas l'utilité que peut nous apporter une Crysalide conservée précieusement pendant trois ou quatre ans, dans une glaciére, ou dans une cave. Devient-elle un reméde propre à quelque maladie?

Eugene. Cette expérience vous ménera à manger des œufs frais pendant tout l'hyver, & dans les tems où vos Poules, & celles de vos voisins, ne ponderont plus. Ce n'est pas là un léger avantage pour un ménage de campagne.

Clarice. Non certes; mais c'est un paradoxe dont je rirois, si tout autre que vous me le proposoit.

Quel rapport y a-t-il entre une Cryſalide & un œuf frais.

Eugene. Je ne prétends pas que vous les compariez, mon deſſein eſt ſeulement de vous dire, que l'art de conſerver les Cryſalides nous a conduit à celui de conſerver les œufs pendant des années, & toujours auſſi frais que le jour qu'ils ont été pondus. Pour vous tirer au plûtôt de l'embarras où vous jette ma propoſition, ſouvenez-vous que la Cryſalide ne ſe conſerve pendant pluſieurs années, que parce qu'on arrête ſa tranſpiration. Un œuf de Poule, comme celui de tout autre oiſeau, eſt preſque une Cryſalide. En arrêtant ſa tranſpiration, vous le conſerverez comme on conſerve la Cryſalide. Pour vous le prouver, obſervons ce qui ſe paſſe dans un œuf à meſure qu'il ſe corrompt à l'air, ou qu'il fermente ſous la Poule. Malgré la tiſſure compacte de ſa coque écailleuse, l'œuf transpire journellement, & plus il transpire, plûtôt il se gâte. Il n'est personne qui ne sçache que dans un œuf frais cuit, ou non, la substance de l'œuf remplit sensiblement la coque, & qu'au contraire il reste un vuide dans tout œuf vieux, & un vuide d'autant plus grand que l'œuf est plus vieux. Ce vuide est la mesure de la quantité du liquide qui a transpiré au travers de la coque. Quand vous le placez entre une lumiére & votre œil, si vous vous appercevez qu'il y ait un vuide dans sa partie supérieure, vous dites qu'il n'est pas frais, & vous dites vrai. Des Philosophes modernes ont sçû découvrir les conduits par lesquels l'œuf peut transpirer; ils ont vû des conduits à air qui communiquent au travers de la coque avec l'air extérieur. Des Paysans de quelques Provinces du Royaume, agissent comme s'ils sçavoient cette Physique. Ils conservent les œufs, que leurs Poules pondent en automne, pour les envoyer à Paris en hyver. Ils les tiennent dans des tonneaux, où ils sont entourés de toutes parts de cendre bien pressée. La cendre qui s'applique contre les coques, bouche beaucoup de leurs pores, & en rend la transpiration plus difficile. Ces œufs sont mangeables dans un tems où ils eussent été entiérement corrompus sans cette précaution. On les garde aussi dans l'eau, & cela fait à peu près le même effet, mais l'eau & la cendre n'interceptent pas absolument la transpiration, elles ne font que la rendre plus lente; & l'œuf se ressent toujours du plus ou du moins de dissipation qui s'est faite dans ses liqueurs. Qui vous donneroit donc un secret pour l'arrêter tout-à-fait, vous donneroit en même tems celui de conserver vos œufs pendant des années, & peut-être des siécles.

Clarice. A qui me donnera ce secret, je lui fonde une rente perpétuelle d'une couple d'œufs frais tous les matins.

Eugene. Voilà ma fortune faite. Ayez des pots ; remplissez-les d'œufs nouvellement pondus, versez dessus de la graisse de mouton fondue. Ayez seulement attention que cette graisse ne soit point assez chaude pour cuire les œufs ; elle se répandra dans tous les vuides que les œufs laissent entre eux, elle les environnera parfaitement de toutes parts, bouchera leurs pores, & les garantira de toute communication avec l'air extérieur. Par un moyen si simple vous les conserverez des années. J'en ai actuellement chez moi que je conserve ainsi depuis deux ans. Il y a quinze jours que j'en mangeai deux, ausquels il n'y avoit rien à reprocher.

Clarice. Dès ce soir je donnerai mes ordres pour que votre rente vous soit exactement payée; & dès demain je ferai largesse de ce secret à tous mes voisins. Il est tems de retourner à notre Abeille naissante que nous avons laissée dans sa petite prison. Apprenez-moi comment elle se tire d'affaire.

Eugene. Aussi-tôt que la Nymphe s'est dépouillée de sa peau de Nymphe, c'est une Abeille parfaite. Son premier soin est de percer le mur dont on l'a cloîtrée. Elle se sert d'abord d'une seule de ses dents pour faire un trou vers le milieu de ce mur. Ce premier trou fait, elle emploie ses deux dents pour hacher & faire tomber la cire, l'ouverture s'aggrandit peu à peu; enfin au bout de trois heures, lorsque la mouche naissante est vigoureuse, & la saison favorable, elle parvient à rendre l'ouverture suffisante pour lui permettre de sortir. Des Mouches moins fortes, & dans des jours peu chauds, sont quelquefois plus d'une demi-journée à y parvenir. Cet ouvrage est même au-dessus des forces de quelques-unes. Il y en a qui périssent dans leur cellule après y avoir fait une ouverture par laquelle leur tête seule, ou une partie de leur tête a pû passer.

Clarice. Hé ! que devient alors cet amour tendre, ces soins officieux, cette vigilance charitable des Mouches envers leurs petits ?

Eugene. Voilà ce que je ne puis vous dire. Je conviens qu'il leur en coûteroit peu d'aider ces pauvres petites créatures, dans un ouvrage bien fort pour leur état de foiblesse. Il étoit naturel de penser que c'étoit aux Abeilles ouvriéres d'ouvrir la prison qu'elles avoient elles-mêmes fabriquée. Swammerdam l'a cru, comme vous étiez disposée à le croire;

cependant

cependant Swammerdam s'est trompé. La jeune Abeille n'a dans ce moment nuls secours à attendre de ses compagnes ; son sort dépend alors de ses seules forces ; c'est un malheur inévitable, si elles lui manquent au besoin ; mais enfin quand la Mouche est parvenue à faire une ouverture suffisante, elle fait passer sa tête, puis ses premiéres jambes qu'elle cramponne sur les bords du trou, & au moyen desquelles elle se tire en avant. Bientôt les autres jambes sont à portée de sortir à leur tour, & alors elle n'est pas long-tems à dégager le reste de son corps. Ce travail fini, elle paroît toute entiére à découvert, elle se pose sur ses six jambes, assez près de la cellule qu'elle vient de quitter. Ses aîles achévent de se déplier & de s'affermir : son corps & toutes ses parties extérieures sont encore mouillées ; mais quand l'air

Tome I. D d

chaud de la Ruche ne suffiroit pas pour les sécher promptement, elles ne resteroient pas long-tems humides. Les Abeilles qui apperçoivent celle qui vient de naître, se rendent auprès d'elle, elles semblent lui marquer, par leurs bons offices, la joie qu'elles ont de la voir : deux ou trois se placent autour de la nouvelle venue, la léchent & l'essuient successivement de toutes parts avec leurs trompes; quelques-unes même la lui présentent pleine de miel.

Clarice. Il y a ici bien de la bizarrerie. Quoi! cette Abeille à qui tout-à-l'heure on ne daignoit pas prêter la main, qu'on auroit laissé périr misérablement à sa porte, parce qu'elle n'avoit pas la force de l'ouvrir; cette Abeille se tire-t-elle heureusement de ce danger, la voilà dans le moment saluée, caressée, comblée de présens? Cet oubli & ce retour successif d'amitié fraternelle, a bien l'air d'un de ces jeux de la Nature.

Eugene. Laissons ce terme de jeux de la Nature qui ne signifie rien, car la Nature ne joue ni ne badine, elle suit inviolablement les loix qui lui ont été imposées par son Auteur. Mais convenons qu'il faut mettre la raison de cette conduite au nombre des choses que nous sommes condamnés d'ignorer. Je vous ai dit que les jeunes Mouches se peuvent distinguer aisément des autres par leur couleur. Celle des vieilles est plus rousse, celle des jeunes est grisâtre; les anneaux de celles-ci sont plus bruns, ils s'éclaircissent à mesure que l'animal vieillit; les poils des jeunes sont blancs, celui des vieilles est roux; l'Abeille qui vient de naître a le ventre gros; si on l'ouvre, on le trouve plein du dernier miel qu'elle avoit avalé étant Ver. A peine toutes les parties de la jeune Abeille sont assez desséchées, à peine les aîles sont-elles en état d'être agitées, qu'elle est une Mouche parfaite, à qui rien ne manque, & qui sçait tout ce qu'elle aura à faire le reste de sa vie. Ne vous étonnez pas qu'elle soit si bien instruite, & de si bonne heure, elle l'a été par celui même qui l'a formée.

CLARICE. Que nous serions heureux, si celui qui a formé nos enfans, nous les avoit donnés de même tout instruits!

EUGENE. Prenez garde, Clarice, de vous plaindre injustement : il ne vous auroit donné que des machines, au lieu d'enfans dociles comme sont les vôtres; il vous auroit privé du plus sensible & du plus flatteur de tous les plaisirs que puisse avoir une mere, de celui de les conduire vous-même à la vertu par vos conseils & vos exemples.

CLARICE. Je ne cherchois point

ce compliment, mais vous me fournirez plus d'une occasion de n'être point en reste avec vous.

Eugene. Notre Abeille donc qui vient de naître, sent qu'elle est née pour la société, qu'elle doit travailler à s'acquitter des soins qu'on a pris pour elle; elle marche quelque tems sur les gâteaux comme pour s'essayer, puis se dispose à aller jouir du grand air. D'autres Abeilles qui sortent continuellement de la Ruche, lui apprennent où sont les portes; elle ne manque pas de guides qui lui en montrent le chemin. Est-elle dehors, la voilà sur les fleurs, elle y sçait trouver la cire & le miel. Nous avons déja vû ses compagnes lui offrir de ce nectar avant sa première sortie; si elle va donc en puiser aussi-tôt après dans le fond des fleurs, c'est moins pour s'en nourrir, que pour commencer à travailler pour le bien commun, pour en ramasser qu'elle puisse porter dans les endroits destinés à le recevoir en dépôt. Ce qui prouve bien que ce n'est pas pour son intérêt particulier qu'elle va aux champs, c'est que dès sa premiére sortie elle fait quelquefois une récolte de cire brute. M. Maraldi assûre qu'il a vû revenir à la Ruche des Abeilles chargées de deux grosses boules de cire, le jour même qu'elles étoient nées. C'est ainsi que naît une Abeille; c'est ainsi qu'elles naissent toutes. Il faut toujours excepter les Reines. Chez les Abeilles comme chez nous autres humains, Rois & Reines ne sont pas formés d'une matiére plus précieuse que le reste du Peuple, ils sont tous égaux au sortir des mains de celui qui les a faits; mais arrivés parmi leurs semblables, les choses doivent changer. La Majesté Royale est d'institution divine chez les Abeilles comme chez les hommes ; les respects & les distinctions qui lui sont dûes, en sont une conséquence. Je vous ai déja prévenu sur un grand nombre de ces distinctions ; mais je ne vous ai pas encore dit qu'on les porte jusqu'à donner au Ver royal dans son alvéole une position toute contraire à celle des autres, & que la Nymphe conserve cette position, dont je vous parlerai plus en détail lorsque nous en serons aux alvéoles royaux. Lorsqu'elle est devenue Abeille Reine, elle ne va point aux champs comme les autres : sa personne est trop précieuse pour être exposée aux hazards qui pourroient se rencontrer hors de la Ruche. Elle peut se promener par toutes les rues de son domaine, elle est sûre de trouver par-tout des magasins remplis de vivres, ou des Mouches qui viendront lui en présenter. En attendant que je vous fasse voir en original des Abeilles fortant pour la première fois de leurs cellules, vous vous contenterez de ce deffin, qui vous en donnera une idée affez nette. Les cellules marquées B B, font des cellules dont les Mouches font déja forties. Celles marquées CC, ont leur couvercle, les nymphes y font encore renfermées. Celle marquée M, vous fait voir une Abeille ordinaire, qui s'eft dépouillée de fa peau de nymphe, qui a rongé le couvercle de fa cellule, & qui fe prépare à en fortir. R, S, eft une cellule Royale, dont on a enlevé une portion de cire, ou fi vous voulez, à laquelle on a fait une fenêtre, pour mettre à découvert la nymphe d'une mere Abeille, telle qu'elle eft dans fon Alvéole. Vous voyez combien elle diffère des autres, en fituation & en logement.

Pl. VI.
Fig. 8.

CLARICE. Sans doute que les

Fauxbourdons auront aussi quelques droits honorifiques.

Eugene. Ils n'ont point été oubliés dans la distribution des honneurs, ils tiennent la place des Grands dans l'Etat, mais de ces Grands de parade, dont le lot se réduit à peu de chose. Outre le privilége de pouvoir mener une vie molle & efféminée, & de ne point travailler pour le bien public, privilége assez mince, & qui ne passera jamais pour un titre d'honneur, ils sont distingués par des Alvéoles plus grands que ceux des Mouches ouvriéres. Voici encore un dessin d'une portion de gâteau, qui n'étoit composée que de cellules de Fauxbourdons. *Pl.* VI. Les cellules marquées O, sont *Fig.* 9. des cellules ouvertes & vuides; toutes les autres sont des cellules *Ib. lett.* fermées, qui contiennent encore P P. les vers, ou nymphes des Fauxbourdons; vous voyez que leurs couvercles ne font point plats, comme font les couvercles des autres Alvéoles, mais convexes, & relevés en boffe. Je ne leur connois pas d'autres diftinctions. Vous voilà, Clarice, affez bien au fait de la naiffance des Abeilles. Voyez, avant que nous paffions à d'autres matiéres, s'il ne vous refte point de doute, fi je n'aurois point oublié quelque chofe que vous euffiez intérêt de fçavoir.

CLARICE. C'eft à vous, Eugene, à voir fi vous avez rempli votre promeffe. Je me fouviens, fi j'ai bonne mémoire, que vous m'avez dit qu'une Ruche étoit un cercle de vivans & de mourans, & que pour y prendre un point fixe, vous partiez d'un effaim. Il me femble que pour achever la révolution du cercle, il falloit me ramener à un effaim.

EUGENE. L'obfervation eft des

plus judicieuses. Pour y répondre, rappellons ce que nous avons dit, afin d'y joindre ce qui y manquera. Cette Abeille que nous avons vû pondre dans notre sixiéme Entretien, étoit nouvellement arrivée dans la Ruche avec un essaim. Vous lui avez vû déposer ses œufs dans des Alvéoles ; je vous ai dit comment de ces œufs il en naissoit des vers, que ces vers prenoient la forme de nymphes, & les nymphes celle d'Abeilles. Je vous ai dit que lorsqu'une mere Abeille est en pleine ponte, elle pond jusqu'à 200 œufs par jour : ces œufs doivent éclore à peu près dans la même proportion ; la Ruche se peuple donc journellement, & en quelques semaines le nombre des habitans devient si grand, qu'elle ne peut plus les contenir, il faut qu'ils se partagent. Voilà ce qui donne lieu aux essaims. Ces essaims pourroient faire la matiére de notre premier Entretien. Cependant je crois qu'il sera plus conforme à l'ordre que je me suis proposé, de vous parler auparavant des actions des Abeilles, de leurs façons de vivre dans les Ruches, & de leurs travaux; en un mot, de tout ce qui se passe entre l'arrivée d'un essaim, & la sortie d'un autre. Comme un essaim est sujet à avoir plusieurs Reines, & qu'on ne commence aucun travail dans la nouvelle Ruche, jusqu'à ce que le nombre des Reines soit réduit à une seule; je vous parlerai d'abord du massacre des Reines surnuméraires; & pour ne pas revenir à plusieurs jours différens sur un sujet si lugubre, j'y joindrai celui des mâles & des vers.

IX. ENTRETIEN.

Du Massacre des Reines surnuméraires, de celui des Mâles, & des Vers.

EUGENE. SI vous n'apportez pas avec vous, Clarice, un cœur de bronze, vous êtes à plaindre.

CLARICE. Croyez-vous, Eugene, que l'on ait des cœurs à changer suivant le besoin ?

EUGENE. Du moins peut-on avoir de quoi se fortifier contre les secousses que les objets cruels donnent à un cœur trop tendre.

CLARICE. Je pourrai trouver chez moi cette ressource. Quelque tragiques & funestes que soient les aventures que vous avez à me conter, je suis prête à les entendre, & préparée à tout événement.

Eugène. Cela vous vient bien à propos. Je vais commencer par ce qui se passe dans la Ruche à l'occasion de la pluralité des Reines. Vous sçavez déja que lorsqu'une mere Abeille a commencé de pondre, elle met au jour sept ou huit, & jusqu'à vingt femelles. J'en trouvai un jour quarante, du moins quarante cellules Royales. Il n'est pas difficile de comprendre la raison de cette multiplicité. S'il ne naissoit qu'une Reine dans une Ruche, il n'auroit pas été assez pourvû à la multiplication des Abeilles. Les essaims manqueroient souvent d'une Conductrice. Mille accidens peuvent faire périr le petit ver qui doit donner une Reine, avant qu'il soit parvenu à se métamorphoser en Mouche. Ce ne seroit donc pas assez que la mere ne pondît chaque année qu'un de ces œufs femelles; il est nécessaire qu'elle en ponde un nombre suffisant pour suppléer aux accidents. Il en naît effectivement plusieurs ; & il arrive de-là, que lorsqu'un essaim est prêt à sortir, plusieurs de ces jeunes femelles qui s'appercoivent qu'elles sont de trop, joignent la colonie, & la suivent. Les autres moins diligentes, ou plus attachées au lieu de leur naissance, y restent ; peut-être aussi que les plaisirs de l'amour les y retiennent.

Clarice. Les Anciens ignoroient sans doute cette multiplicité de Rois ou de Reines, puisque je n'ai jamais entendu parler que d'un Roi des Abeilles.

Eugene. Tous les Anciens, à commencer par Aristote, ont reconnu plusieurs Rois. Ils assurent qu'il arrive quelquefois qu'un essaim a deux Rois, ou deux Reines. Ils nous ont raconté ce qui se passe dans ce cas, qui n'est pas rare. Mais à leur ordinaire, ils n'ont pû se contenir dans les bornes du vrai simple, ils y ont ajouté un faux merveilleux. Ils ont bien connu qu'il falloit que l'un des deux Rois cédât l'Empire à l'autre; mais ils nous ont parlé du Roi conservé, comme du véritable Roi, d'un Roi qui avoit toutes les qualités qui le rendent digne de l'être, & qui avoit même un extérieur propre à se faire respecter; & du Roi rejetté, comme d'une misérable Mouche, indigne de la puissance Souveraine qu'elle avoit voulu usurper. On lui a prodigué les noms d'Usurpateur & de Tyran; on a voulu que sa figure fût hideuse, & eût quelque chose de méprisable. C'est d'après Aristote que Virgile a dépeint l'un & l'autre, qu'il nous a dit que les extérieurs de ces deux Rois étoient fort différens; que l'un, c'est-à-dire,

dire, le bon, avoit des écailles rougeâtres, qui brilloient de plaques d'or ; que sa figure étoit noble, au lieu que l'autre étoit désagréable à voir ; qu'il sembloit tout poudreux, qu'il avoit un large ventre, enfin qu'il ne méritoit que la mort.

Clarice. Qu'un Poëte, comme Virgile, nous amuse par de jolis contes, personne ne peut y être trompé, on s'y attend ; la Poësie ne s'embellit que par la fiction ; mais qu'un grave Philosophe comme votre Aristote, nous débite sérieusement des fables pour des réalités, voilà ce qui me tue. De qui donc apprendrons-nous la vérité, si ces Sages s'entendent avec les Poëtes, pour nous en imposer ?

Eugene. Le tems des fables est passé. Si nous en parlons, si nous les rapportons, c'est afin que ceux qui ne sont point au fait, ne les confondent pas avec les faits vrais. C'est dans cette vûe que je vous dirai qu'on ne peut lire sans étonnement, l'extrême confiance avec laquelle Alexandre de Montfort, dans son Livre intitulé *le Printems des Abeilles*, parle de cette Mouche rejettée, en nous assurant que ce qu'il en va dire, est le fruit de plusieurs années d'observations. Vous allez juger de la valeur de ces observations, par le fruit qui vous en reviendra. Montfort nomme cette Mouche malheureuse, *le Tyran, ou le Prince brouillé*. Il dit que sa couleur triste, son ventre gros, ses jambes scabreuses, & ses gestes languissans, sont signes d'envie, d'avarice, d'ambition, de gourmandise, de lâcheté, de paresse.... Que ce Prince brouillé a un accent rude, qui retentit dans tout le quartier, caressant la nouvelle Gendarmerie, qu'il tâche d'enivrer & d'attirer à la révolte contre son Souverain....

Le Prince brouillé sort de la Ruche avec l'essaim, s'éloigne du Roi comme un traître, ou comme une piéce de mauvais alloi, qui n'ose se produire. Aussi-tôt que le soleil luit sur sa tête, ses mauvaises humeurs s'éveillent, & font révolter une partie de ce petit Peuple.

CLARICE. Ce galimathias d'Alexandre de Montfort, me paroît, aussi-bien que son Prince brouillé, une piéce d'assez mauvais alloi.

EUGENE. Elle l'est en effet. Charles Buthler dans sa *Monarchie féminine*, approche un peu plus du vrai. Il veut que lorsque la premiére Reine a pris possession de son *Capitole*, qu'après que l'Empire lui a été accordé, la seconde en rang soit condamnée à mort par arrêt du Peuple, & que sur le champ l'arrêt soit exécuté. Il ne nous raconte pas qu'il ait vû faire cette exécution, mais il nous parle des combats terribles qui durérent pendant deux jours dans une Ruche, où deux forts essaims étoient entrés, & qui ne finirent que lorsqu'une des deux meres eût été tuée. Mais pour substituer des faits plus simples & plus vrais, à ceux qu'on a chargés de circonstances plus imaginées que vûes; je vous dirai pour certain que l'essaim qui sort d'une Ruche a assez souvent deux meres, & quelquefois trois, & qu'il en reste beaucoup de surnuméraires dans la Ruche. Je suis en état de vous rendre un compte exact de ce que deviennent les unes & les autres. Ce que j'ai à vous en dire, ne sera que d'après ce dont j'ai été moi-même témoin. Lorsqu'un essaim part de sa Ruche natale, on le voit assez souvent se partager en deux bandes, qui vont s'attacher à des branches d'arbres du voisinage. Ce partage est un signe assuré qu'il y a au moins deux Reines; mais ce partage n'eſt jamais tel, qu'il n'y ait ſouvent un peloton de Mouches beaucoup plus gros que l'autre. L'un ne ſera quelquefois pas plus gros que le poing, pendant que l'autre aura le volume d'une tête humaine. Quelle que ſoit la circonſtance qui a fait que la Reine du petit peloton a entraîné ſi peu de Mouches à ſa ſuite, ordinairement ſa troupe ne lui eſt pas fidéle. Les Mouches n'aiment pas à vivre en des ſociétés peu nombreuſes; les Reines même ne ſont pas contentes quand elles ont peu de Mouches à leur ſervice ; elles ſemblent ſçavoir les inconvéniens qui en réſultent. Un petit peloton n'eſt donc pas de longue durée, les Mouches s'en détachent peu à peu, & quand la troupe eſt réduite à un petit nombre, celles-ci enſemble, & la mere avec elles, vont ſe réunir aux autres.

Alors l'essaim a deux meres.

CLARICE. Je vois bien que nous touchons au moment de la catastrophe. Je me souviens qu'il ne doit rester qu'une Reine dans chaque Ruche, qu'il faut que les autres soient sacrifiées au repos public, & à la loi qui veut qu'il n'y ait qu'un Monarque dans une Monarchie. Je me précautionne d'avance contre les horreurs que vous allez m'annoncer.

EUGENE. Je voudrois vous en épargner le récit. Mais la fidélité de l'Histoire exige que l'on dise le bien & le mal. Lorsque ces 10. 20. 30. ou 40. œufs que la Reine Abeille a pondus, sont parvenus à être des Abeilles femelles, il est né en même-tems des centaines de mâles, & des milliers d'abeilles ouvriéres. Toute la Ruche devient prodigieusement peuplée. Si toutes tendoient également au même but, & ne travailloient que pour le bien public, tout iroit à merveille. Mais les paresseuses, c'est-à-dire, les mâles, & les Reines surnuméraires, ne songeant qu'à l'amour, & à vivre sans utilité pour la société, les Magasins de miel seroient bientôt épuisés. Pour nourrir tant de bouches inutiles, les ouvriéres n'auroient pas trop de toutes leurs forces, elles ne seroient plus occupées qu'à aller chercher des vivres à la campagne, & à ravitailler continuellement la place. Pendant ce tems-là les Alvéoles & les ouvrages publics seroient négligés. D'ailleurs la Reine regnante n'est pas encore à la fin de sa ponte, elle a besoin de nouvelles cellules pour mettre de nouveaux œufs. Un essaim qui s'échappe, & qui emméne avec lui deux ou trois Reines, ne débarrasse donc pas entiérement la Ruche de toutes les surnuméraires, puisque nous sçavons qu'il y en a quelquefois jusqu'à 30. ou 40. qui sont autant de pondeuses, qui épuiseroient bien vîte tous les Alvéoles. La mort seule en peut délivrer la Ruche.

CLARICE. Ne seroit-il pas plus digne d'un sage Gouvernement, de les prier honnêtement de se retirer, ou enfin de les chasser, si elles s'opiniâtroient, que d'user de main mise sur des personnes aussi respectables que des Reines, comme je me doute que l'on va faire dans un moment.

EUGENE. Je suppose que l'on entrât dans vos vûes compatissantes; où iroient-elles, les pauvres malheureuses ? languir de misère dans quelque coin, & puis mourir à deux pas de-là. Car toute Reine qui n'emméne pas un essaim avec elle, n'a point de retraite; elle est bientôt la proie de l'ennui, du chagrin, ou des oyseaux, & surtout

tout du froid. Les Abeilles ouvriéres sçavent que le plus expédient pour ces infortunées, est de finir plûtôt que plus tard, une vie qui ne peut avoir d'autre terme, qu'une fin tragique. Elles les égorgent par pitié.

Clarice. C'étoit bien la peine de les faire naître!

Eugene. Pour elles en particulier, il leur eût certainement été plus avantageux de ne jamais voir la lumiére; mais l'œconomie générale de l'Univers, demandoit que cela fût ainsi. Il ne seroit pas difficile de vous prouver qu'il périt plus d'ambrions; & que plus d'animaux, à commencer par nous, sont la proie des maladies, des guerres, des meurtres, de la cruauté & de l'avarice de leurs semblables; qu'il n'y en a qui échappent à ces accidens. Enfin pour revenir à nos Reines massacrées, je me souviens qu'on m'apporta un jour six meres, que l'on avoit trouvées mortes sur l'appui d'une seule Ruche, dont un essaim étoit sorti la veille. Le sort de celles qui se sauvent à la suite d'un essaim, n'est pas plus heureux ; une seule est réservée, les autres sont sacrifiées au salut de celle-ci. La premiére preuve que j'en ai eue, me fut fournie par un essaim qui sortit d'une de mes Ruches, dans le mois de Juin. Les Mouches dont il étoit composé, se partagérent en deux bandes de grosseur inégale, qui se réunirent promptement. Le partage qui s'y étoit fait d'abord, me fit juger qu'il devoit y avoir deux meres, la suite m'apprit qu'il y en avoit même trois. Ainsi le nombre des divisions qui se font dans un essaim, n'est pas toujours égal à celui des meres. D'autres observations m'ont appris, qu'il n'arrive pas même toujours qu'un essaim qui a deux meres, se divise. Je fus attentif à suivre l'essaim dont je viens de parler. Il étoit entré paisiblement dans sa nouvelle Ruche ; le lendemain tout m'y parut encore très-calme. Je ne vis point dans la Ruche de ces combats qu'on dit qui s'y livrent, tant que la pluralité des meres y subsiste. Les Mouches ne me semblérent qu'y avoir été trop tranquilles ; l'ouvrage de leur journée fut fort peu de chose. Le jour suivant, sur les trois heures après midi, il me parut y avoir plus de Mouches en l'air, & dehors de cette Ruche, & sur-tout auprès de ses portes, qu'il n'étoit de coutume. J'ouvris un des volets pour observer ce qui se passoit dans l'intérieur, & je fus bientôt certain que le trouble y avoit regné. Les Mouches avoient abandonné le haut de la Ruche où elles s'étoient tenues le premier jour, & où elles avoient déja construit deux petits gâteaux. J'eus lieu de croire qu'il s'étoit fait quelque expédition sanglante. J'examinai le terrein du devant de la Ruche : j'y trouvai quelques Mouches mortes, parmi lesquelles il y avoit une mere. Pendant le jour où se fit cette expédition, les Abeilles ne travaillérent point ; elles passérent même la nuit entiére près du fond de leur Ruche, sans regagner le haut ; je les y retrouvai encore le lendemain matin, mais trois heures après je trouvai une seconde mere morte, assez près de l'endroit où j'avois trouvé la première. C'étoit la derniére de celles qui devoient périr ; aussi l'ordre & la paix, avoient-ils été remis dans la Ruche ; les Abeilles en occupoient la partie supérieure ; elles s'étoient placées comme elles l'avoient été d'abord, & comme elles le devoient être, & elles se livrérent au travail avec ardeur

L'essaim dont je viens de vous parler, n'est pas le seul que j'aie eu dont deux meres ont été tuées. Il est donc incontestable qu'il y a des tems où les Abeilles ne souffrent pas plusieurs femelles, & qu'il n'en faut qu'une seule aux Abeilles d'un essaim.

Clarice. Ce seroit un trait digne de vous, de pénétrer les raisons qui déterminent les Abeilles dans le choix qu'elles font d'une Reine. Car nous leur avons vû jusqu'à présent tant d'intelligence, qu'il n'est pas probable qu'elles prennent au hazard une Reine, dont dépend le salut & la conservation de l'Etat.

Eugene. Je ne vous dirai point affirmativement que c'est en conséquence d'un jugement raisonné & fondé, qu'elles préférent de certaines Mouches à d'autres, pour en faire leur Souveraine ; mais il y a grande apparence que celle qui parvient à ce haut rang, en est la plus digne. Ce n'est pas pourtant, & il n'est pas besoin que je vous le dise sérieusement, parce qu'elle est douée de toutes les vertus morales qu'on lui a cru nécessaires. Vous ne croyez pas non plus que les meres qui ont été mises à mort, méritoient une si triste fin, parce qu'elles avoient la noirceur d'ame propre aux usurpateurs & aux tyrans, & tous les vices dont Alexandre de Montfort les taxe. Ce que je crois de plus probable, c'est que la Reine qui est conservée, a dans le plus haut dégré, la vertu qui intéresse le plus les Abeilles, celle de mettre beaucoup d'œufs au jour, & plus que n'y en eussent mis les femelles qui ont été immolées au repos public.

CLARICE. Je conçois bien qu'il n'est pas nécessaire que les Mouches qui doivent composer un essaim prêt à sortir, en viennent à une élection en forme pour se donner un chef. Je ne doute pas même qu'elles n'acceptent celle qui s'offre la premiére. Un moment peut-être en décide. Je veux dire qu'entre les femelles nouvellement nées, celle qui est assez active, assez inquiéte pour sortir la premiére de la Ruche, peut déterminer les Abeilles qui se trouvent mal de leur ancienne habitation, à se mettre à sa suite pour chercher un nouveau logement.

Eugene. Je suis de votre avis. On pourroit pourtant ajouter encore une circonstance, bien capable de déterminer un choix aussi borné dans ses vûes, que peut être le leur. Il paroît que la Souveraineté pourroit être accordée, comme dans nos plus fameuses Monarchies, à la Mouche qui y a le plus de droit par sa naissance: la premiére née est celle qui a acquis le plus de vigueur, qui a été plûtôt fécondée, qui est la plus prête à pondre des œufs. Ce titre seroit bien suffisant pour mériter un trône d'Abeilles : je crois même en avoir la preuve.

CLARICE. Quelque légères que soient les motifs qui conduisent les Abeilles dans le choix qu'elles font d'une Souveraine, ils seront toujours plus raisonnables que ceux de ces Peuples qui mettent leur couronne à l'enchère.

EUGENE. Je ne suis pas plus disposé que vous à approuver cette façon de se donner des Souverains. Croiriez-vous bien cependant que l'on pourroit soupçonner aussi les Abeilles de se laisser prendre à l'éclat de l'or. Virgile nous a décrit le Roi choisi, comme un personnage d'un air respectable, & tout brillant d'or ; & les Rois rejettés, comme gens hideux, & d'une figure ignoble : ce portrait n'est pas absolument éloigné de toute vrai-semblance. J'ai toujours remarqué que la Reine choisie étoit d'une couleur plus rougeâtre que les autres. Cette couleur aura suffi pour faire de l'or aux yeux d'un Poëte, & peut-être suffit-elle aussi pour en faire aux yeux des Mouches ; car les autres, celles qui sont mises à mort, m'ont toujours paru plus brunes, & moins grosses. Aussi Aristote a-t-il dit, que le Roi élû est roux, & que l'autre est noir, ce qui se réduit à être plus brun. Cette différence de couleur qui est constante, peut justifier un peu les exagérations de Virgile, & donne aux Abeilles un motif de choix, qui n'est tiré que de la façon dont leurs sens sont affectés ; ce qui convient tout-à-fait aux animaux. Au reste, cette couleur rougeâtre n'est point un avantage donné par la Nature, & par préférence aux unes, plûtôt qu'aux autres, pour désigner un plus grand mérite; ce n'est qu'une prérogative de l'âge; les Meres, comme les autres Abeilles, deviennent plus rougeâtres en vieillissant. Le moment où elles naissent, est celui où elles sont le plus brunes; plus elles approchent du tems de pondre, plus leur corps prend de volume & de grosseur, plus aussi il approche de cette couleur éclatante. De-là il paroît que celle qui est conservée pour Reine, est la premiére née & la plus prête à pondre, parce qu'elle a un ton de couleur plus élevé, & un air de grandeur qui suffit pour frapper les yeux des autres Mouches. Ainsi la royauté seroit parmi les Abeilles un droit d'aînesse, & le prix de fécondité.

Clarice. Ce choix d'une Reine, tel que le font les Abeilles, me fait naître l'envie de vous faire sur ce sujet un petit raisonnement à ma maniére. J'aime qu'on réduife, comme vous faites, les actions des animaux à leur juste valeur. Je ne puis souffrir que l'on s'efforce, comme je le vois faire tous les jours à mille gens, d'élever l'intelligence des bêtes au pair de la nôtre, & de nous mettre continuellement en comparaison avec elles; ce paralléle m'a toujours extrêmement choqué. C'est une dispute que j'ai souvent avec Madame de ***, qui, semblable à bien d'autres femmes, ne connoît rien de mieux que ce qu'elle pense. Cette bonne Dame, toujours en extase sur les jolies maniéres de son chien, veut à toute force qu'il ne se conduise que par une raison semblable à la sienne. Si j'ouvre la bouche pour la contredire avec politesse, elle m'assomme aussi-tôt de ce bel argument : Il faut bien que cela soit ainsi, puisque ni vous, ni moi, ne concevons pas que cela puisse être autrement. J'ai beau lui répliquer que les bornes de notre conception ne sont point celles de la Toute-Puissance, si la Toute-Puissance pouvoit en avoir; paroles perdues. Que les bêtes exécutent machinalement des actions, que nous ne pouvons faire que par le secours de la raison : & certes, je n'en admire pas moins l'Auteur de la Nature ; & si l'on pouvoit mettre ici du plus & du moins, je l'en admirerois davantage. Je crois que c'est une témérité trop grande aux hommes, de penser que tout ce qui ressemble à leur raison, ne se puisse faire que par une raison semblable à la leur; comme si Dieu n'étoit pas assez puissant pour aller aux mêmes fins par différens moyens.

Eugene. Si vous vouliez prendre la peine de faire plus souvent des raisonnemens à votre maniére, nos entretiens en vaudroient beaucoup mieux.

Clarice. Vous êtes obligeant. Pendant que nous sommes en train de juger des actions des Abeilles, je vous ferai une question à l'occasion du massacre des Reines. Est-ce par les Abeilles nouvellement établies dans une Ruche, que les Meres sont mises à mort ? Comment cela s'accorde-t-il avec cet amour si vif que l'on leur connoît pour toutes les Meres en général ? Ne seroit-ce point plûtôt que deux Meres, jalouses l'une de l'autre, se livrent un combat dont la plus foible est la victime ?

Eugene. C'est ce que je n'ai pû parvenir à voir. Ce qui pourroit me faire penser que les deux Meres, quoique très-pacifiques naturellement, s'attaquent l'une l'autre, c'est qu'elles sont armées d'aiguillons dont elles n'ont guéres d'autre occasion de faire usage ; car elles ne s'en servent pas contre les Abeilles de leur Ruche. Toutefois malgré le respect qu'ont ces derniéres pour leurs Reines, malgré l'amour qu'elles leur témoignent, il pourroit bien y avoir des tems & des circonstances, où elles ne balanceroient pas à leur ôter la vie. Vous allez voir bientôt qu'après avoir pris des soins infinis des Vers qui deviennent des Abeilles mâles, il vient un tems où elles en font un furieux carnage. C'est un article qui ne peut être mieux placé qu'à la suite de celui que nous venons de traiter. Reprenons notre plan, pour ne nous en point écarter. Nous sommes partis d'un essaim nouvellement logé. Si cet essaim est arrivé dans sa nouvelle Ruche avec plusieurs Reines, je vous ai dit qu'avant de se mettre au travail, on procéde au choix de celle qui doit rester seule Souveraine, & que les autres sont exterminées. Les Fauxbourdons, ou mâles, qui ont suivi la colonie, sont traités avec un peu plus d'indulgence. Ils restent avec cette unique Reine, on les laisse joüir des douceurs de la vie pendant six semaines, ou environ, à commencer du jour de la transmigration.

Clarice. Ce répit dont on favorise les Fauxbourdons, me paroît un effet de bonté toute pure de la part des Abeilles ouvriéres. Je ne vois pas ce qui leur en revient de nourrir pendant si longtems des fainéans, qui ne sont d'aucune utilité pour la société. Car je n'ai point oublié qu'une Reine ne se met à la tête d'un essaim, qu'après avoir pourvû dans son ancienne Ruche, à ce qui peut la mettre en état de pondre dans la nouvelle, & qu'elle y pond même dès le lendemain de son arrivée. Ces mâles ne lui sont donc plus d'aucun usage. Les garderoit-elle comme des maris *ad honores*, pour la dignité & l'honneur de son rang, & comme les Orientaux font leurs Sultanes ?

EUGENE. Il n'y a pas d'apparence que ce luxe, ou plûtôt cette débauche d'esprit se soit glissée parmi les animaux. Il est vrai que lorsque la Reine sort de l'ancienne Ruche, elle est déja en état de perpétuer son espéce. Mais il est probable que le nombre prodigieux d'œufs qu'elle a dans son corps, exige que les Fauxbourdons restent avec elle pendant tout ce tems. Les Abeilles sont trop bonnes ménagères de leurs peines & de leurs provisions, pour nourrir si long-tems des ventres paresseux, qui ne contribueroient en rien au bien public. Ce qui le prouve, c'est la diligence avec laquelle elles s'en défont lorsque le tems est arrivé. Ce tems leur est apparemment indiqué par l'indifférence

férence parfaite avec laquelle la Reine commence à traiter ces mâles. Les Abeilles ordinaires qui s'en apperçoivent, leur déclarent alors la plus cruelle guerre ; pendant trois ou quatre jours elles en font une tuerie effroyable. Malgré la supériorité qu'ils sembleroient avoir par leur taille, ils ne sçauroient tenir contre les ouvriéres qui sont armées d'un poignard, qui porte le venin dans les plaies qu'il fait. D'ailleurs le nombre des attaquantes surpasse considérablement celui des attaqués, & elles n'ont point de honte de se joindre trois ou quatre ensemble contre un seul. Tant que ces jours de carnage durent, on en voit du matin au soir d'acharnées sur des mâles, qu'elles traînent morts ou mourans hors de la Ruche. Pendant les six semaines que les Fauxbourdons ont habité avec la Reine, celle-ci n'a point cessé de pondre des œufs de tout sexe. Le moment de la proscription arrivé, il y a donc des mâles de tout âge dans la Ruche, il y en a au berceau, que l'on a nourris jusqu'à ce moment avec une tendresse de mere, il y en a qui sont encore dans l'œuf. La loi de l'Etat qui a prononcé la perte des mâles, n'a point d'exception, elle s'étend également sur ceux qui ne respirent pas encore, comme sur ceux qui respirent. Tout ce sexe doit être anéanti, & il l'est. L'amour se change en fureur ; la haine succéde aux soins maternels ; les ouvriéres vont faire la recherche dans tous les alvéoles. Ce qui est Ver mâle, comme ce qui n'est encore qu'en espérance de l'être, tout est arraché, massacré, dispersé & porté sur les grands chemins ; la Ruche en est nettoyée comme elle le seroit d'une contagion. Elle est dans ces tristes momens un théâtre d'horreurs & de meurtres. Il y a des Ruches où ces carnages se font plûtôt, d'autres où ils se font plus tard, suivant que les essaims y sont entrés. On en voit dans le mois de Juin, dans le mois de Juillet & dans le mois d'Août.

CLARICE. Nous avons soupçonné la Reine de porter un aiguillon criminel dans le sein des autres Reines ses concurrentes ; y auroit-il quelque lieu de la croire aussi coupable de la mort de ses maris ?

EUGENE. Je n'ai aucune raison de le penser, & si quelque chose peut me déterminer à la rendre innocente de ces terribles exécutions, c'est qu'elle n'y est point intéressée. Les Fauxbourdons sont trop lâches & trop indolens pour lui faire ombrage, ni lui disputer son rang. Vous avez sçû les devoirs funéraires qu'une de ces Reines rendit chez moi à un de ces maris morts.

CLARICE. J'aime mieux la croire suspecte de trop de tendresse, que coupable de cruauté. Nous sommes parvenus sans doute au dernier acte de la Tragédie. Je compte que vous effacerez dorésnavant, par des récits plus agréables, les images noires & funestes dont vous venez de remplir mon imagination.

EUGENE. Vous avez voulu, Clarice, sçavoir la vie des Abeilles; vous m'avez ordonné de vous en faire le récit. Ce ne seroit pas satisfaire à ce que vous attendez de moi, que d'en retrancher des circonstances qui sont propres à les caractériser. Il manque encore à ce que je viens de dire, certains traits que je ne dois pas omettre. Vous connoissez l'amour des Abeilles ordinaires pour les Vers nés dans leur Ruche. Il m'a paru curieux de sçavoir, si cet amour s'étendoit jusqu'à des Vers qui auroient pris naissance dans une autre Ruche. Pour m'en éclaircir, je portai un jour dans plusieurs Ruches des portions de gâteaux que j'avois tirées d'autres Ruches, & dont les cellules étoient remplies d'œufs de Vers de tout âge, & de Nymphes. Les Nymphes n'ayant plus besoin du secours des Abeilles ordinaires, devinrent des Mouches dans les nouvelles Ruches; elles y acquirent dans le moment le droit de bourgeoisie, & augmentérent le nombre des habitans. Mais je n'ai point vû les Abeilles de ces Ruches prendre soin de ces œufs & de ces Vers étrangers; elles traitérent même ces derniers avec la plus grande barbarie, les arrachant des cellules, & les jettant dehors. Il y a encore des cas où elles traitent de la même façon des Vers nés parmi elles-mêmes. C'est lorsque quelque accident fait tomber un gâteau, ou quelque portion de gâteau, on voit les Abeilles s'attrouper dessus, elles ne font grace à aucun des Vers qui se trouvent dans les cellules ouvertes; elles les en tirent, les tuent, & les vont jetter au loin.

Clarice. Il y a là, non-seulement une barbarie insoutenable, mais une injustice criante. Pourquoi faut-il que ces petits innocens paient de leur vie la sottise de leurs parens ? Sont-ils coupables de la chûte de ces gâteaux, qui peut-être ne sont tombés que pour avoir été mal attachés ?

Eugene. Je n'entreprendrai point de justifier ce procédé; mais il y a une raison pour croire que les Vers des gâteaux tombés ne réussiroient pas. Les cellules de ces gâteaux dans leur premiére position, avoient leur axe presque horisontal, tombés, il devient vertical. Vous me faites appercevoir qu'on doit parler plus clairement quand on parle aux Dames. Je vais le faire. La position la plus avantageuse de nos enfans nouveaux nés, est d'être couchés: ils périroient en peu de tems, ou au moins viendroient mal, si on les laissoit toujours debout, & leurs jambes chargées du poids de leur petit corps. Il en est ainsi des Vers dont nous parlons. Enfin, & voici bien le cas le plus étrange & le plus horrible à penser; en matiére de cruauté, il arrive quelquefois que les Abeilles de certaines Ruches arrachent les Vers des Alvéoles, qu'elles les tuent, qu'elles en transportent les cadavres au loin, quoiqu'il ne soit arrivé aucun dérangement aux gâteaux, quoique nous ne voyions aucune raison qui puisse les déterminer à en venir à des extrémités si cruelles, & si opposées à l'affection tendre qu'elles montrent généralement pour les vers de leur habitation. C'eſt comme ſi des meres, oubliant tout-à-coup la Nature & leur tendreſſe, égorgeoient leurs enfans de ſang froid.

CLARICE. Avez-vous réſolu, Eugene, de me brouiller avec les Abeilles, pour vous venger de la peine que je vous donne de me conter leur hiſtoire.

EUGENE. Je ne ſuis point vindicatif. Mais je ne veux pas non plus qu'il me ſoit reproché de vous avoir laiſſé ignorer des choſes eſſentielles. Je devois donc vous dire encore ce trait de barbarie. Mais pour en effacer un peu la noirceur, il faut croire qu'un tel procédé eſt apparemment fondé ſur de bonnes raiſons, ſur des raiſons que les Abeilles ſçauroient bien nous faire trouver telles, ſi elles pouvoient plaider leur cauſe devant nous. Entre celles que j'en imagine, la trop grande fécondité

de

de la Mere en peut être une. Je vous ai déja dit qu'une partie des alvéoles eſt deſtinée à recevoir les œufs que la Reine doit pondre, & l'autre à recevoir la cire brute, & le miel que l'on doit mettre en réſerve, tant pour la nourriture journaliére des Mouches que les ouvrages intérieurs retiennent au logis, que pour les jours de pluie, ou ceux d'hyver, pendant leſquels il n'eſt plus permis de ſortir. Mais ſi une Reine eſt tellement féconde, qu'elle occupe tous les alvéoles de ſes œufs, dans un tems qui invite à faire une abondante récolte, il ne reſte de parti à prendre qu'entre deux extrémités également fâcheuſes; ſçavoir, de conſerver les Vers, & de mettre tout le peuple au hazard de mourir de faim, en négligeant de faire des proviſions de vivres, ou de ſacrifier les Vers, pour employer leurs alvéoles à mettre des vivres en réserve pour nourrir le peuple, quand le tems de la nécessité sera venu. Or ce dernier parti est assurément le plus conforme au bien public.

CLARICE. Si c'est-là la raison qui les conduit, je ne puis les blâmer; car je conviens avec elles que le salut de la Patrie est une loi suprême, à laquelle le salut des particuliers doit céder.

EUGENE. Je suis d'autant mieux fondé à bien penser en leur faveur, que j'ai remarqué que c'étoit dans des jours où elles pouvoient faire facilement, & en peu de tems, de grandes récoltes de miel, que je leur ai vû faire ces sanglantes expéditions. Voici encore une circonstance où elles peuvent faire un carnage de Vers.

CLARICE. Encore du carnage ?

EUGENE. Ce sera le dernier, & qui ne méritera pas plus que le précédent, que vous leur reprochiez leur cruauté. Lorsqu'elles sont en si grand nombre dans leur Ruche, qu'elles trouvent à peine à s'y loger, & que la Reine ne met point au jour des œufs d'où des femelles doivent sortir, ou que ceux de cette espéce qu'elle a pondus, ont mal réussi, c'est un événement fâcheux, qui jetteroit la Ruche dans un embarras qu'il faut prévenir. Je ne vous dirai point que nos Mouches raisonnent & prévoient, mais qu'elles agissent comme si elles raisonnoient & prévoyoient. Voyant donc qu'il manquera une Reine pour conduire une colonie hors de la Ruche, elles empêchent, par la suppression des Vers, le nombre des Mouches de s'y multiplier trop. Enfin des raisons, peut-être encore meilleures, que nous ignorons, les forcent à cette cruauté. Nous ne sçavons pas si des Vers qui nous paroissent bien conditionnés, ne font pas attaqués de quelque maladie; si les Abeilles, dans lesquelles ils se métamorphoseroient, ne seroient pas trop foibles. Et combien d'autres choses que nous ne sçavons pas, & qu'elles sçavent mieux que nous? Il me paroît que vous desirez finir un entretien qui tient depuis trop long-tems en souffrance votre cœur tendre & compatissant.

CLARICE. Je ne vous l'ai passé qu'à condition que vous effaceriez au plûtôt, par des sujets gais & rians, les idées tristes dont vous avez rempli mon imagination.

EUGENE. Je ne vous promets que ceux qui se trouveront dans l'ordre, que notre histoire exige que nous suivions en général. Mais avant que de nous séparer, je dois vous avertir que les deux régles, que je viens de vous donner comme générales parmi les Abeilles, sçavoir, qu'il n'y a jamais qu'une Reine dans une Ruche, & que l'on extermine tous les mâles six semaines après l'arrivée d'un essaim, ont leurs exceptions. J'ai quelquefois trouvé deux Reines dans une même Ruche ; mais c'est un cas très-rare. Il se peut faire que cela arrive dans celle où les Abeilles supérieures à leur travail, jugeront qu'elles n'ont rien à craindre de cette multiplicité. J'en ai introduit moi-même plusieurs dans des Ruches différentes, où elles ont été d'abord bien reçues, caressées même, & nourries pendant plusieurs jours ; mais leur fin a toujours été funeste. A l'égard des mâles, il arrive aussi, quoique très-rarement, que les Abeilles ouvriéres ne parviennent pas à les tuer tous dans le tems ; soit que désespérant d'y pouvoir réussir, elles consentent à la paix ; soit qu'une condescendance pour la foiblesse de leur Reine, les engage à leur laisser la vie. Alors ces mâles passent l'automne dans la Ruche, & au moins une partie de l'hyver. Ce fait est connu de ceux qui font commerce de Mouches à miel; mais loin qu'ils augurent bien de ces Ruches, ils n'y comptent plus, & les regardent comme perdues. Ils croient que leur perte vient de ce que les mâles mangent tout le miel qui étoit conservé pour la provision d'hyver. En cela ils se trompent. Je crois avec plus de vraisemblance que les œufs sont altérés dans le corps d'une Reine, qui vit avec les Fauxbourdons beaucoup au-delà du terme fixé par la Nature. En un mot, c'est un dérangement dans l'ordre naturel, & quelle qu'en soit la cause, il est certain que toutes ces Ruches, où des mâles ont passé l'hyver, périssent au printems. La premiére opération d'un essaim nouvellement établi, est de réduire le nombre des Reines à une seule. Voilà ce que nous venons de voir. La seconde, c'est de bâtir & fonder la demeure. C'est ce dont je vous entretiendrai la premiére fois ; & je commencerai par la Propolis & la Cire, qui sont les principaux matériaux de leurs édifices.

X. ENTRETIEN.

De la Propolis, ou Réſine dont les Abeilles bouchent les fentes des Ruches. De la Cire.

CLARICE. IL y a trois heures, Eugene, que nous devrions être ici. Sans l'ennuyeuſe viſite de nos très-déſœuvrés voiſins, nous euſſions déja vû cent choſes charmantes. Ils nous ont fait perdre la plus belle heure du jour, & la plus commode pour voir le travail d'une Ruche. Je crains qu'étant cinq heures du ſoir, nous ne trouvions nos Mouches fatiguées du travail de la journée, & diſpoſées à prendre le repos dont elles auront beſoin.

EUGENE. Quoiqu'il ſoit tard, nous pourrons bien trouver encore de quoi contenter votre curiosité. Comme les Abeilles sçavent partager entre elles les différens travaux, elles sçavent partager aussi à différentes heures les travaux de différente nature. Il se passe le soir des choses qui sont bonnes à voir, & qu'il seroit difficile de rencontrer dans d'autres tems, comme la récolte de la Propolis. Pour vous faire mieux comprendre ce que c'est que cette récolte, & à quel propos je vous en parle, reprenons le fil des matiéres où nous le quittâmes le dernier jour. Vous conviendrez, Clarice, que je n'ai pas dû vous épargner les récits tragiques qui ont fait le sujet de notre dernier entretien. Un Voyageur qui entreprend de décrire fidélement les mœurs d'un Peuple inconnu, ne peut se dispenser de rendre compte de ses loix, tant des loix qui tendent à rendre les sujets heureux & opulens, par le travail & l'industrie, que de celles qui font faites pour contenir chacun dans le devoir, & retrancher de la société civile les citoyens qui la troublent, ou lui portent préjudice. Ce font les loix & les coutumes des nations, qui caractérifent leur génie. Les premiers Philofophes qui n'étudioient que dans les voyages, recueilloient par préférence les loix des divers Peuples qu'ils parcouroient; c'étoit de ce recueil qu'ils tiroient les principales maximes de leur fageffe. Nous avons vû la partie des loix des Abeilles, qui tend à retrancher ce qui fe trouve de vicieux dans leur fociété, nous allons revenir aujourd'hui à celle qui a pour but l'établiffement, la multiplication & la conservation de l'état.

CLARICE. Cette partie de la police dont vous voulez m'entretenir, fera plus de mon goût, que celle qui n'a pour objet que la distribution des peines & des supplices.

EUGENE. Aussi-tôt après l'arrivée d'un essaim dans une Ruche nouvelle où il n'y a qu'une Reine, tout le peuple se disperse, & court à l'instant à ses divers emplois : s'il y a pluralité de Reines, la première chose à laquelle on songe, avant que de se mettre à aucun travail, c'est au choix de celle qui doit regner. Quand l'élection est faite, & que les prétendantes à la Souveraineté ont, en perdant la vie, laissé la paix dans l'état, on procéde en diligence à la construction des cellules. Il faut remarquer que les Abeilles ont besoin de trouver une enceinte toute faite pour renfermer leurs gâteaux ; la Nature qui sçavoit qu'elles en trouveroient facilement, les a dispensées d'en faire les frais. Un trou de mur, un tronc d'arbre, sont assez communément le lieu qu'elles choisissent, quand elles n'ont rien de mieux.

Clarice. Je trouvai un jour un essaim qui étoit venu se loger entre les deux châssis de mon cabinet de toilette.

Eugene. C'étoit une Ruche vîtrée, que le hazard vous avoit procurée, & dont vous auriez bien dû profiter.

Clarice. Je l'aurois dû, cependant je n'en fis rien; c'étoit dans le tems de ma jeunesse, dans ce tems où les objets ne parloient encore qu'à mes yeux, & ne disoient rien à mon esprit.

Eugene. Aujourd'hui que vous avez la vûe, pour ainsi dire, plus sçavante, nous aurons occasion d'en faire un usage utile. Plaçons-nous sur ce banc vis-à-vis de notre Ruche, afin d'y avoir recours quand il en sera besoin. Si nous laissions les Abeilles se placer dans des lieux fixes & immobiles, comme font des murs, nous ne pourrions pas commodément profiter de leurs travaux, & ramasser leur cire & leur miel; ce que nous faisons facilement en leur offrant des Ruches de notre façon, que l'on appelle des *Paniers*, tels que ceux qui sont devant vous: car il n'y a qu'à renverser ceux-ci pour en tirer les gâteaux. Quand donc un essaim est entré dans un Panier, ou Ruche, de quelque façon qu'elle soit faite, une partie des Abeilles se met dans le moment à construire des Alvéoles; & une autre partie, à boucher exactement tous les trous, fentes, crevasses, qui pourroient se trouver à la Ruche. Ce sont ces deux premiers travaux de nos Mouches, dont je vous entretiendrai aujourd'hui. L'habitation des Abeilles ne doit avoir d'autres ouvertures, que celles qui y tiennent lieu de portes, par-tout ailleurs elle doit être très-close. Nos Mouches ont à craindre que les Insectes qui en veulent à leur miel, à leur cire, que ceux qui en veulent à elles-mêmes, ne trouvent des passages par où ils puissent s'introduire.

Clarice. Les Abeilles ont donc à craindre, comme nous, les voleurs & les assassins?

Eugene. C'est un sort commun à tous les êtres vivans. Je ne connois aucune espéce d'animal, qui ne soit pas la proie d'un autre. Il est plus facile aux Abeilles de s'opposer aux incursions de leurs ennemis, quand elles n'ont qu'une porte, ou peu de portes à garder. Enfin, les entrées ne doivent pas seulement être interdites aux Insectes, elles le doivent être à l'humidité, à l'air, aux vents coulis même.

Clarice. Voilà bien de la délicatesse pour des animaux si laborieux, & presque guerriers.

Eugene. Il importe beaucoup aux Abeilles d'être logées très-chaudement, c'est ce que je vous ferai voir quelque jour. La matiére dont les Abeilles bouchent les ouvertures & crevasses de leurs Ruches, mérite beaucoup d'être connue. Ce n'est point la même dont elles composent la cire, ce n'est point non plus de la cire toute faite ; c'est une matiére qui est de tout un autre genre, qui n'a point besoin d'être travaillée, & qu'elles sçavent trouver toute préparée sur des plantes.

Clarice. Elles ont une si belle Manufacture de cire, & la cire est si commode pour boucher des trous, pourquoi se donnent-elles la peine de chercher d'autres moyens ?

Eugene. L'œconomie avec laquelle elles emploient la cire, nous donne lieu de croire que cette récolte n'est pas pour elles un travail

travail si facile que vous le pensez. Mais la matiére dont elles se servent pour rendre leurs Ruches closes, est bien autrement commode pour l'usage auquel elle est destinée. C'est une résine qui s'étend facilement, s'attache mieux, a beaucoup plus de ténacité que la cire, & outre cela, ne demande aucune préparation. Elle a été connue des Anciens sous le nom de *Propolis*.

CLARICE. Propolis ? Ce nom ne m'est point inconnu. Je me souviens qu'un jour on fit usage, avec succès, d'une drogue qui portoit ce nom, dans une plaie qu'eut un de mes enfans ; on la vantoit beaucoup, ce qui me fit recourir au plûtôt à mon Dictionnaire des simples, qui m'en donna une explication bien circonstanciée.

EUGENE. A laquelle cependant je ne vous conseille pas de vous arrêter.

Clarice. Pourquoi donc ? Ce reméde fit beaucoup de bien au malade, & le guérit parfaitement d'une bleffure dangereufe.

Eugene. C'eft ce qui arrive tous les jours ; on raifonne fort mal fur des remédes qu'on applique très-bien. L'expérience apprend ce qu'ils fçavent faire, mais non pas ce qu'ils font. Ce Dictionnaire traite la Propolis de cire vierge, ou d'une efpéce de maftic que les Abeilles compofent. La Propolis n'eft autre chofe qu'une réfine que les Abeilles vont ramaffer fur les arbres, & qu'elles emploient telle qu'elles la trouvent, fans être obligées d'y rien changer. On croit que c'eft fur les Peupliers, fur les Bouleaux, & fur les Saules, qu'elles en font la récolte. J'ai vû cependant des Abeilles dans des pays qui n'avoient aucun de ces arbres, & elles employoient la Propolis. Le hazard n'a point voulu que je les aie rencontrées sur les Plantes où elles la sçavent trouver ; c'est une découverte qui reste encore à faire, & qui peut-être, vous est réservée.

Clarice. Souffririez-vous qu'une femme vous ravît cette gloire ?

Eugene. Je ne disputerois que l'honneur d'être le premier à lui en marquer ma reconnoissance. Quoi qu'il en soit, la Propolis est une résine qui se laisse aisément dissoudre par l'esprit de vin, & l'huile de Térébenthine, qui se durcit beaucoup dans la Ruche, mais qui peut toujours être ramollie par la chaleur. Celle que l'on trouve dans différentes Ruches, & même dans différens endroits de la même Ruche, offre non-seulement des variétés par rapport à sa consistance, elle en offre aussi par rapport à sa couleur ; & à son odeur. Communément elle en répand une agréable, quand elle est échauffée ; il est ordinaire d'en trouver qui a une odeur aromatique ; il y en a qui mériteroit d'être mise au rang des parfums. Sa couleur extérieure est un brun rougeâtre, quelquefois clair, quelquefois foncé : la couleur de l'intérieur, celle des fragmens qu'on casse, approche de la couleur de la cire, elle est un peu jaunâtre. Dans le tems que les Abeilles mettent la Propolis en œuvre, elle est molle, & propre à être étendue comme un bitume, pour épalmer la Ruche. Je suppose que vous sçavez ce que c'est qu'épalmer.

Clarice. Ma science va jusques-là. On dit qu'on épalme les vaisseaux, quand on les enduit de suif ou de gaudron, pour les rendre impénétrables à l'eau.

Eugene. C'est cela même. La

Propolis donc étant très-tenace, & ayant la viscosité d'une résine gluante, & qui peut s'attacher aux doigts, est très-propre au même usage. Lorsqu'elle a été appliquée, elle prend de jour en jour plus de consistance, & devient bien plus dure que la cire. Il faut vous faire voir à présent, jusqu'où va la préférence que les Abeilles lui donnent, sur d'autres matiéres qui nous paroîtroient également bonnes pour fermer leurs Ruches. Regardez les bords des verres de notre Ruche vîtrée.

CLARICE. Je vois que vous aviez collé par dedans des bandes de papier, comme nous faisons aux carreaux de nos fenêtres; & que vous vous en êtes apparemment repenti, puisque vous les avez depuis arrachées. C'est ce que m'apprennent les fragmens, qui sont encore restés collés sur le verre.

EUGENE. Il est vrai que j'avois

collé moi-même ces bandes de papier dans la Ruche, avant que d'y faire entrer l'essaim. Je sçavois bien que les Mouches détruiroient mon ouvrage, & c'est ce que je voulois vous faire voir. Nous ne sommes, nous & nos vîtriers, que des mal-adroits au prix d'elles, en fait de clore & mastiquer des carreaux de fenêtres; les Abeilles en sçavent plus que nous sur cet article, comme sur bien d'autres. Aussi ne peuvent-elles souffrir que nous nous mêlions de leurs affaires. Ce sont elles-mêmes qui ont déchiré & haché ces bandes de papier, pour y substituer leur résine. En voici une qui travaille encore dans le moment que je vous parle, à me faire voir que je n'avois rien fait qui vaille. Approchons-nous pour la mieux voir.

Clarice. Je la vois parfaitement. Je crois même remarquer

par la vivacité avec laquelle elle détruit les restes de votre ouvrage, qu'elle est en grosse colère & qu'elle vous accuse d'être un mal-avisé personnage. Elle va apparemment épalmer tout de suite l'endroit qu'elle met à découvert.

Eugene. Soit par elle, soit par une autre, l'ouverture sera certainement bouchée. Je ne vous réponds pas cependant qu'elle prenne pour cela le tems qui nous conviendroit. Les Abeilles n'attendent ni nos ordres, ni nos heures. Elles travaillent à cet ouvrage la nuit comme le jour. Mais j'en apperçois une autre qui nous fera voir une partie de ce que nous cherchons. Voyez ici bas, sur l'appui de la Ruche, deux Abeilles qui en tiennent une troisiéme dans un coin, & qui semblent la piller ; elles la tiraillent comme feroient deux voleurs qui détrousferoient un paſſant au détour d'une rue.

CLARICE. Vous m'avez déja dit qu'elles s'arrachent quelquefois le pain de la main ; ſi c'eſt cela, j'en ſuis inſtruite.

EUGENE. C'eſt tout autre choſe, le pillage dont il eſt queſtion, eſt un ſecours charitable que ces Mouches ſe prêtent l'une à l'autre, à l'occaſion de la Propolis. Baiſſez-vous. Ce petit ſpectacle vous fera plaiſir, & nous en aurons l'obligation à l'importune viſite qui nous a fait raſſembler plus tard qu'à l'ordinaire. Trois heures plûtôt, nous n'aurions peut-être rien vû ; car j'ai remarqué bien des fois, que les Abeilles choiſiſſent le matin par préférence pour la récolte de la cire brute, & le ſoir pour celle de la Propolis. Je dis par préférence, & non pas excluſivement.

CLARICE. Donnez-moi votre Loupe,

Loupe, Eugene, pour voir de près ces Mouches officieuses, qui pillent leur compagne par charité. Je veux commencer aujourd'hui à m'exercer à voir sçavamment. Je m'en vais vous rendre compte de ce que je verrai, & vous me direz avec franchise, si j'observe bien, & s'il y a quelque espérance, que je puisse devenir bonne Naturaliste. Ecoutez le rapport que je vais vous faire. Je vois une Abeille entre deux autres, qui la tirent chacune par une patte. Ho, bon Dieu, comme elles tirent! Elles vont lui arracher les jambes.

Eugene. Voyez bien si c'est par les jambes qu'elle est saisie.

Clarice. Vous avez raison; je me trompois, elles lui arrachent chacune quelque chose qui tient à ses jambes. Je vois présentement ce que c'est. C'est de la véritable propolis: je la reconnois à sa couleur, & à son brun rougeâtre. Chacune de ces deux Mouches fait de grands efforts, pour arracher cette matiére, elles la tirent avec leurs dents ; la propolis prête, & s'allonge, comme feroit une gomme épaisse. La patiente souffre ces tiraillemens sans se plaindre. En voilà une qui est parvenue à en arracher une parcelle, elle s'envole avec son butin ; j'en vois une autre qui vient prendre sa place, & qui veut en avoir aussi sa part ; la petite pelote diminue insensiblement de volume. La pourvoyeuse doit, ce me semble, souffrir beaucoup, car il me paroit que cette résine ne peut être arrachée sans tirailler continuellement les poils qui l'environnent, & qui la retiennent.

EUGENE. Tout cela est fort bien observé. Remarquez à présent sur quel endroit de son corps l'Abeille porte la propolis.

CLARICE. C'est dans cette corbeille où vous m'avez fait voir, qu'elle empile la matiére à cire, dans cet enfoncement qui est au troisiéme article des jambes postérieures. Je vous remets la Loupe. Il me semble que cela n'est pas mal pour une premiére fois.

Pl. II.
Fig. 7.
let. E.

EUGENE. Si vous ne devenez pas Naturaliste, vous vous reprocherez toute votre vie d'avoir manqué votre vocation. Maintenant que vous êtes si bien au fait, vous entendrez avec plus de facilité & de satisfaction, une observation du même genre que j'ai faite autrefois. J'avois fait faire une Ruche, sur le sommet de laquelle il y avoit un bouchon mobile. Les Mouches qui s'en apperçurent, le scellérent avec leur propolis. Une expérience que je voulois faire, ayant demandé que j'ôtasse ce bouchon, demanda aussi, qu'après l'avoir remis, je ne le fisse pas rentrer en entier, ensorte qu'une partie de la propolis dont il avoit été mastiqué, se trouva en dehors. Comme il n'y avoit pas long-tems que les Abeilles l'avoient scellé, cette résine étoit encore fraîche. Des Abeilles qui la virent, jugérent qu'elles pourroient s'éviter la peine d'en aller chercher plus loin. J'en vis trois ou quatre qui y vinrent faire leur provision, & une entr'autres y resta long-tems. Celle-ci se trouva placée le plus favorablement du monde pour moi; elle me donna le plaisir complet de lui voir faire sa récolte. Cette gomme tenace qui s'étoit un peu desséchée depuis qu'elle avoit été employée, ne cédoit qu'aux tiraillemens redoublés de l'Abeille; néanmoins elle se laissoit encore étendre. L'Abeille s'en chargea, elle s'en fit sur chaque jambe une pelote d'une grosseur énorme; aussi y fut-elle occupée pendant bien du tems. Une grande demi-heure se passa, avant qu'elle fût parvenue à se donner sa charge. Cette matiére incomparablement plus difficile à détacher, que ne le sont les poussiéres des étamines, & plus difficile à manier, ne permettoit pas à l'Abeille d'aller vîte; circonstance heureuse pour l'observation. Je l'examinai la Loupe à la main pendant toute la demi-heure. Je voyois avec plaisir combien elle étoit obligée de donner de coups de dents, & de tirailler, pour arracher un petit grumeau de cette matiére: elle le paîtrissoit ensuite avec ses dents; les deux premiéres jambes aidoient à achever de lui donner la forme convenable, une de celles-ci s'en chargeoit ensuite, & le donnoit à la seconde jambe du même côté, qui le portoit à la troisiéme, qui l'appliquoit sur le tas commencé ; dès qu'elle l'y avoit appliqué, elle le tapoit avec sa palette, & lui donnoit trois ou quatre coups. C'étoit un spectacle assez plaisant, de voir ces petites pelotes aller de jambe en jambe. La Mouche choisissoit la propolis la moins desséchée, elle laissoit tomber les fragmens qui lui sembloient trop secs, elle les négligeoit, comme n'étant plus propres à être mis en œuvre.

Clarice. Il me vient une idée qui vous prouvera que je deviens Philosophe, mais Philosophe de la bonne Philosophie, de celle que vous aimez, qui ne songe qu'à l'utilité publique. La Pharmacie s'est emparée de la propolis, pour le bien de nos corps; les Arts ne pourroient-ils pas partager avec elle l'honneur d'en tirer aussi quelque chose d'utile pour nos ménages ?

Eugene. Votre idée est très-bonne; elle m'étoit déja venue, & j'ai même fait quelques expériences, qui m'ont donné à connoître que la propolis diffoute dans l'Esprit de Vin, ou l'huile de Térébenthine, pourroit être substituée au vernis qu'on emploie pour donner une couleur d'or à l'argent, ou à l'étain, réduit en feuilles. Si par exemple on l'incorporoit avec le mastic ou le sangdarac, elle seroit très-bonne pour faire des cuirs dorés.

CLARICE. Qu'entendez-vous par faire des cuirs dorés avec du vernis, est-ce que l'on peut dorer sans or ?

EUGENE. Vous pensez apparemment que cette belle & brillante Tenture de cuir doré, qui orne votre Salle à manger, est enrichie de véritable or ?

CLARICE. Je vous avouerai franchement que je l'ai cru jusqu'à présent, que j'ai cru que c'étoit des feuilles d'or, pareilles à celles dont on couvre les bordures de nos Tableaux. J'avois même imaginé que l'on pouvoit fonder là-dessus quelque petite ressource en cas de besoin.

EUGENE. Le proverbe qui dit, que tout ce qui brille n'est pas or, est très littéralement vrai dans ce cas-ci. L'Art de faire des Tapisseries de cuir doré, nous apprend le secret de dorer sans or. La dorure de ces cuirs, qui quelquefois est très-belle, dépend d'un vernis, lequel, en masse, a une couleur brune. Après que l'on a couvert les parties du cuir que l'on veut dorer, de feuilles d'étain poli & bruni, on étend le vernis sur ces feuilles; elles paroissent à l'instant, ce métail si précieux, qui arme la moitié du monde contre l'autre. La couleur blanche de l'étain, qui passe au travers du vernis, & se mêle avec la sienne, en compose une éclatante, qui imite parfaitement celle de l'or.

Clarice. Adieu donc ma ressource. Pour une connoissance de plus, j'ai une espérance de moins. Je ne sçai, Eugene, si je gagne au change.

Eugene. Belle matiére à raisonner pour & contre! Mais nous avons autre chose à faire aujourd'hui. Achevons ce qui regarde la propolis. Elle n'est pas seulement utile aux Abeilles, pour clorre exactement leur demeure, elles s'en servent encore à un autre usage, qui semble prouver manifestement, que ces admirables petites bêtes raisonnent jusqu'à un certain point, & qu'elles sçavent, aussi-bien que nous, tirer des conséquences. Voici le fait. Elles ne souffrent que le moins qu'elles peuvent, les corps étrangers dans leurs Ruches. Quand il s'y en trouve qui ne sont pas d'un poids supérieur à leurs forces, elles les portent dehors. Cependant il arrive quelquefois à des Insectes, & sur-tout à des limaces mal avisées, & à des limaçons peu instruits, d'entrer dans une Ruche, & de s'y promener jusques sur les gâteaux de cire. On ne sera pas étonné que les Abeilles n'épargnent pas des ennemis si lourds, qu'à force de piquûres elles les tuent. Mais qu'en faire après qu'ils sont morts ? Les Abeilles ne peuvent pas songer à transporter des fardeaux d'un si grand poids ; elles sçavent cependant que ces cadavres se pourriront, que de cette pourriture il en naîtra une mauvaise odeur, qui leur sera funeste. Voilà l'inconvénient dont elles ont à se garantir. Que feriez-vous, Clarice, en pareil cas ?

CLARICE. J'abandonnerois le logis, & me sauverois chez mes voisins.

Eugene. Les Abeilles font mieux. Pour n'être point obligées de déménager, & d'abandonner ce qu'elles ont de plus cher, elles embaument ces cadavres, & les couvrent de toutes parts de propolis. M. Maraldi a rapporté qu'il avoit vû un limaçon, qu'elles en avoient enduit par-tout. J'ai vû moi-même plusieurs fois des faits semblables. J'ai vû des limaces dont la peau s'étoit un peu desséchée, qu'elles avoient embaumées comme des Momies. J'observai un jour qu'elles avoient employé la même matiére pour une fin semblable, & avec plus d'œconomie, sur un limaçon. Cet imbécille animal étant entré dans une de mes Ruches vîtrées, s'étoit collé contre un des carreaux de verre, où il attendoit patiemment qu'une fraîcheur humide vînt l'inviter à se mettre en marche. Les Abeilles ne pouvant pas le chasser, l'y attachérent plus solidement, qu'il ne s'y étoit attaché lui-même, & plus fortement qu'il ne l'eût voulu. Elles appliquérent une ceinture de propolis tout autour du bord de la coquille, dont elle fut mastiquée contre le verre. Lorsqu'il voulut ensuite se tirer de la prison volontaire où il s'étoit mis, ses efforts se trouvérent impuissans ; toute la liqueur visqueuse qu'il dégorgea, ne fut point capable de ramollir la propolis ; il fallut périr où il s'étoit attaché.

CLARICE. Je conviens que cette industrie, & cette prévoyance de l'Abeille, sont un fait bien admirable.

EUGENE. Vous qui aimez que l'on réduise les actions des bêtes à leur juste valeur, & qui avez tant de répugnance à entendre dire que les animaux raisonnent comme nous, comment ferez-vous à présent pour nous tirer du pair ?

Clarice. Au fonds, cela est embarrassant. Mais il sera toujours très-raisonnable de dire que le Créateur de toutes choses, est assez puissant pour aller aux mêmes fins par diverses voies.

Eugene. Votre dénouement est le mien. La Nature a ses mystères comme la Religion. Je mets une grande différence entre examiner les actions des animaux, & vouloir connoître les principes de ces actions. Dans le premier cas, on admire les ouvrages de la Toute-puissance, c'est-là où elle veut que nous la reconnoissions ; dans l'autre, il paroît que l'on cherche à pénétrer les secrets du Créateur, & à entrer dans son Conseil ; curiosité d'autant plus ridicule, qu'elle est impuissante. Nous nous sommes proposé aujourd'hui de connoître les deux premiers travaux d'une Ruche naissante ; sçavoir, celui de rendre l'enceinte où les Mouches doivent se renfermer, close & inaccessible aux ennemis de dehors ; & l'autre la construction des Alvéoles. Je viens de vous dire à l'égard du premier, tout ce que j'en sçai, passons au second. Un Alvéole présente deux objets différens à considérer, la matière & la forme, c'est-à-dire, la cire, & les régles sur lesquelles l'Alvéole est construit. Commençons par la cire. Vous répéterai-je, Clarice, ce que je vous ai déja dit sur ce sujet ?

CLARICE. Je vais vous répéter moi-même ce que j'en ai retenu, afin que vous jugiez si votre écoliére répond à vos soins. Il y a cire brute ou matière à cire, & cire proprement dite. La cire brute est la poussière des étamines ; c'est cette poussière colorée, laquelle s'attache aux doigts de ceux qui pressent les filets, qui sont au fond du calice des fleurs : la cire proprement dite, est celle que les Abeilles ont façonnée, telle que nous la tirons des Ruches. Voilà le bout de ma science : si vous voulez que j'en sçache davantage, vous n'avez qu'à me l'apprendre.

Eugene. C'est aussi tout ce que je vous en ai dit jusqu'à présent. Nous allons entrer maintenant dans un plus grand détail. Vous pourriez douter si ces poussiéres des étamines ne sont pas actuellement de la vraie cire. Il faut que vous jugiez par vous-même ce qui en est. J'ai saisi ce matin une Abeille qui revenoit de la campagne : elle étoit chargée de cire brute ; je l'ai étouffée, sans lui donner le tems de se délivrer de son fardeau, la voilà. Vous voyez *Pl.* III. les deux petites pelotes de cire, *Fig.* 3. qui sont encore attachées à ses *let.* A A. jambes postérieures. Otons-les, ces pelotes. N'en faisons qu'une masse. Maintenant qu'elles sont rassemblées, paîtrissez cette petite boule entre deux doigts, comme vous feriez de la cire ; tâchez de la réduire en une lame platte. En venez-vous à bout ?

CLARICE. Il n'y a pas moyen. Je vois bien que ce n'est pas là de la cire, car la cire ordinaire se ramollit, devient flexible comme une pâte ; elle est ductile, & cette petite masse-ci ne l'est pas, elle ne se ramollit point entre mes doigts, au contraire même elle s'y brise.

EUGENE. Prenez la Loupe, & considérez cette matiére de plus près.

CLARICE. Je vois très-distinctement que ce n'est qu'un assemblage de grains, dont chacun, malgré la pression réitérée & la chaleur de mes doigts, a conservé sa figure ronde. Il me paroît qu'ils

ne

ne tiennent les uns aux autres que par un peu d'humidité.

EUGENE. Ce n'est donc point là la cire proprement dite, mais c'en sont les principes. Pour vous le prouver d'autant mieux, j'ajouterai une expérience que j'ai faite moi-même, à celle que vous venez de faire. J'ai mis une petite boulette formée de plusieurs pelotes de cire brute, dans une cuilliére d'argent, & la cuilliére sur des charbons allumés. Si ces petites pelotes eussent été de la cire, elles fussent dans un instant devenues coulantes, elles eussent fondu; au lieu qu'elles conservérent leur figure, jettérent de la fumée, se desséchérent & se réduisirent en charbon. Il y a encore une autre maniére de faire cette expérience. Prenez plusieurs de ces petites pelotes de cire brute; formez-en un petit corps long, une espéce de filet, en les roulant entre vos doigts ; préfentez un des bouts de ce filet à la flamme d'une bougie ; vous verrez qu'il fe brulera fans couler, comme feroit un brin de bois fec réfineux. Autre preuve. Si vous jettez cette cire brute, même la plus defféchée, dans l'eau, elle tombera au fond, & y reftera ; au lieu que pareil volume de vraie cire furnageroit, & refteroit à la furface. Il s'enfuit donc que cette matiére demande une préparation, & que les Abeilles fçavent la lui donner. Mais quelle eft cette préparation ? tâchez, Clarice, de l'imaginer. Comment feriez-vous, fi, fuppofant que vous euffiez eu la puiffance de créer une Abeille, à laquelle il ne manquât que de fçavoir faire de la cire, comment feriez-vous, dis-je, pour lui donner ce talent ?

CLARICE. Si j'avois eu le pouvoir de la créer, il me paroît que le reste ne m'eût pas été bien difficile. Nous sçavons qu'elle est pourvûe d'une machoire forte & tranchante; je lui aurois appris à s'en servir pour broyer, & réduire en fine farine, ces grains que vous appellez la poussiére des étamines; puis je l'aurois pourvûe d'une liqueur particuliére, & propre à former avec cette farine une pâte, qui, par la vertu secrette de ma liqueur, auroit été convertie en cire. Aurois-je deviné juste, Eugene, seroit-ce-là comme l'Abeille s'y prend?

EUGENE. Le fondateur de la Philosophie Péripatéticienne, notre maître Aristote, n'auroit pas mieux parlé, & il se seroit trompé. C'est ainsi que les anciens Naturalistes se contentoient souvent d'imaginer ce qu'ils croyoient que la Nature devoit faire, au lieu de l'interroger elle-même, de la suivre des yeux, & de voir comment elle agit effectivement.

Clarice. C'est-à-dire, en bon François, que j'ai raisonné à l'antique, & que j'ai raisonné fort mal.

Eugene. Raisonner à l'antique, est presque toujours bien raisonner; mais en fait d'Histoire naturelle & de Physique, c'est souvent aussi le contraire. J'ai voulu vous faire connoître, par votre propre expérience, combien on est sujet à se tromper, lorsque l'on philosophe d'imagination, c'est-à-dire, lorsqu'on substitue le fruit de l'imagination, à la vérité des faits. Les probabilités doivent être absolument rejettées, quand il n'en coûte, pour s'éclaircir, que d'ouvrir les yeux, & de voir. Mais pour vous consoler d'avoir si mal deviné, je vous apprendrai que Swammerdam, qui a tant & si bien observé les Abeilles, qui a fait des découvertes si heureuses, & avec une étonnante sagacité, vous a précédé dans cette erreur; que ses idées & les vôtres, sur la formation de la cire, se trouvent parfaitement conformes, & malheureusement, ne sont point les vraies.

CLARICE. Beau sujet de consolation pour un aveugle qui tombe, d'apprendre qu'un autre aveugle est tombé au même endroit !

EUGENE. C'est ce que je pouvois faire de mieux pour vous. L'expérience m'a appris qu'il ne suffiroit pas aux Abeilles de paîtrir la cire brute entre leurs pattes, après l'avoir humectée de quelque liqueur ; elle m'a appris que c'est dans le corps même de l'Abeille, que la cire brute doit être travaillée ; que c'est-là le véritable laboratoire où se fait la conversion de cire brute, en cire proprement dite. Quelques Auteurs qui ont parlé des Abeilles, l'ont soupçonné. Je crois être en état de vous le démontrer incontestablement. J'ai fait un grand nombre de tentatives, pour convertir moi-même la cire brute en vraie cire, ou pour voir s'il ne seroit pas possible de tirer par art la cire toute faite, de la cire brute. Car c'eût été un grand avantage pour la multiplication de cette matière, dont on fait une si prodigieuse consommation, si nous avions pû concourir avec les Abeilles à en fabriquer aussi. Mais le fruit de mes expériences n'a abouti qu'à m'apprendre, qu'il ne nous est pas plus aisé de parvenir à faire de la vraie cire avec les étamines des fleurs, qu'il nous l'est de faire du chyle avec les différentes substances, soit animales, soit végétales, avec lesquelles notre estomac & nos intestins en font journellement, ou qu'il le seroit de faire de la soie, en distillant des feuilles de mûrier. J'ai donc eu recours à mes yeux ; c'eſt en obſervant les Abeilles, que j'ai vû ſans peine, ce que vous verrez de même, quand il vous plaira. J'ai vû ce que devient la cire brute entre les pattes de l'Abeille. Je vais vous apprendre ce que mes yeux m'ont appris.

Clarice. Je commence à concevoir que c'eſt un grand maître que l'œil, en fait d'hiſtoire naturelle ; mais il y a des yeux novices, tels ſont les miens, & il y a des yeux ſçavans, perçans, à qui rien n'échappe, tels ſont les vôtres ; c'eſt à ceux-là qu'il eſt permis de voir.

Eugene. Des yeux novices comme les vôtres, ſont bientôt paſſés maîtres. Un jour que j'examinois des Mouches rentrer dans leur Ruche, j'en remarquai une chargée de deux boules de cire brute ; elle ſe poſa un peu à l'écart ſur l'appui de ſa Ruche ; elle s'y tint tranquille, & si tranquille, qu'elle ne fut point déterminée à changer de place, lorsque pour l'observer de plus près, je mis un genouil en terre, & que j'approchai très-près d'elle, une Loupe à la main, pour voir distinctement tous ses mouvemens. Je vis donc qu'il y avoit des momens où son corps se contournoit assez, pour permettre à ses dents de s'approcher des jambes postérieures, & d'y couper une petite portion d'une de ces boules de cire brute. Elle se redressoit ensuite, & ses dents agissoient l'une contre l'autre, pour broyer la matière qu'elles avoient emportée. D'instant en instant cette matière diminuoit, & bientôt elle disparoissoit totalement. Alors les dents ne tardoient pas à aller détacher une autre petite portion de la même pelote, qu'elles mâchoient, comme elles avoient fait la première. Ces opérations

rations furent répétées pendant plus d'un demi quart d'heure, au bout duquel il ne resta rien de la pelotte de cire, elle avoit été entiérement mangée. A mesure que les dents en avoient suffisamment broyé une partie, la langue, dont je vous ai déterminé ailleurs la figure & la place, (& que vous verrez encore mieux dans ce dessein-ci, où cette même langue est relevée pour lui donner plus d'apparence) étoit à portée de la saisir, & la saisissoit pour la conduire dans la bouche. Pendant ce repas la trompe resta dans la plus parfaite inaction, elle demeura pliée, & ramenée contre la face postérieure de la tête, comme elle l'est dans tous les tems où elle ne doit point agir. Ce qui prouve (contre ce que l'on a crû) que les Abeilles ne se servent point de cet organe pour manger la cire. Le recit que je viens de vous faire n'est point

Pl. 4.
Fig. 2.
Let. E.

Pl. 9.
Fig. 1.
Let. L.

celui d'une action que j'aie vû faire une seule fois, j'ai surpris beaucoup d'autres Mouches dans les mêmes circonstances. Si vous n'êtes pas contente de cette preuve, je vous fournirai une démonstration anatomique à laquelle il n'y aura nulle replique. En ouvrant le ventre d'une Abeille fraîchement tuée, je vous ferai voir son estomac & ses intestins remplis de cette matiére; vous y trouverez qu'une partie de ces grains, ceux qui ne sont pas encore digerés, auront leur premiére figure, que ce seront encore ces mêmes poussiéres des étamines.

CLARICE. Je ne me sens point certaine dureté philosophique qui seroit nécessaire pour soutenir patiemment la vûe d'une pareille expérience. J'aime mieux vous croire & que vous répondiez à une question que j'ai à vous faire. Les Mouches ne mangent-elles la cire brute que pour la convertir en vraie cire, ou leur sert-elle de nourriture ?

EUGENE. L'un & l'autre.

CLARICE. Comment l'un & l'autre! Quoi, la cire ne seroit-elle autre chose que le marc des alimens de l'Abeille ? J'ai vû un tems où vous donniez une origine plus noble à la cire.

EUGENE. Je n'ai point changé de sentiment. Mais vous vous hâtez un peu trop de tirer des conséquences de mes principes. En vous disant que l'Abeille mange la cire brute toute entiére, je ne vous ai point dit ce qu'elle devenoit ; c'est ce qui me reste à vous faire connoître. Mais j'apperçois quelqu'un qui vient vous annoncer que d'autres soins vous rappellent au château. Contentons-nous pour le présent de sçavoir que l'Abeille avale les étamines des fleurs, & qu'elle les digére. Nous verrons la premiére fois comment elle convertit ces étamines, partie en cire, & partie en sa propre substance, & l'usage qu'elle en fait pour la construction des alvéoles.

Fin du Tome Premier.

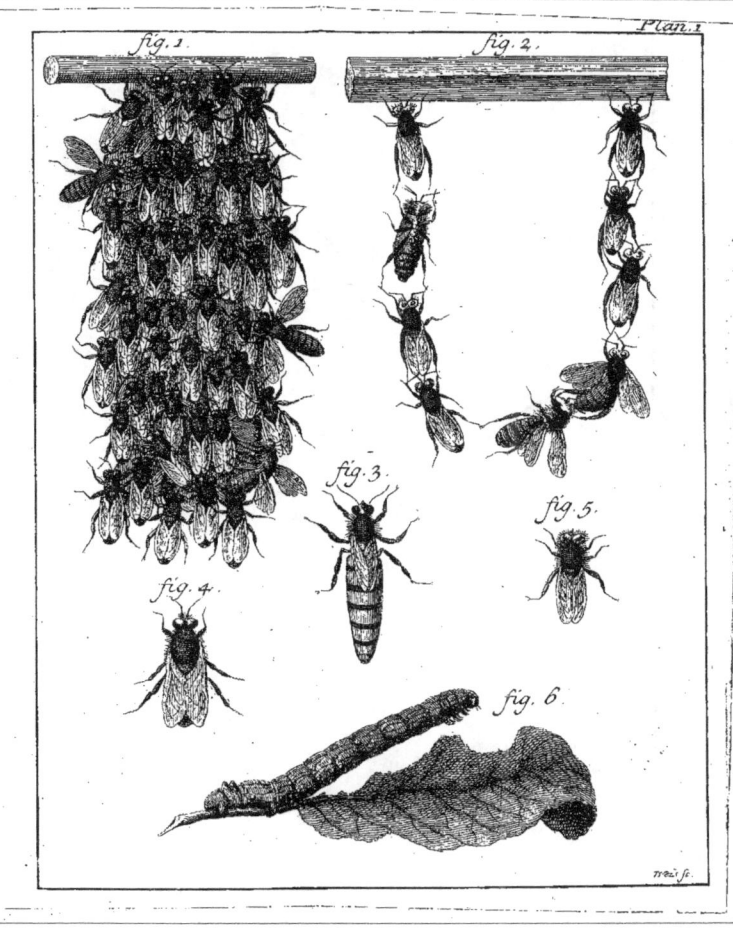

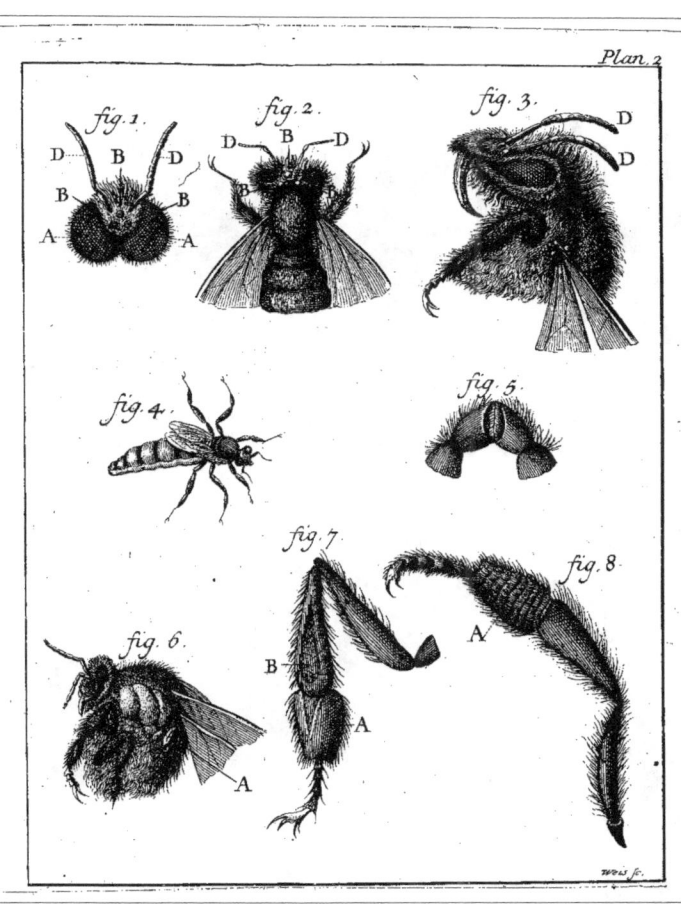

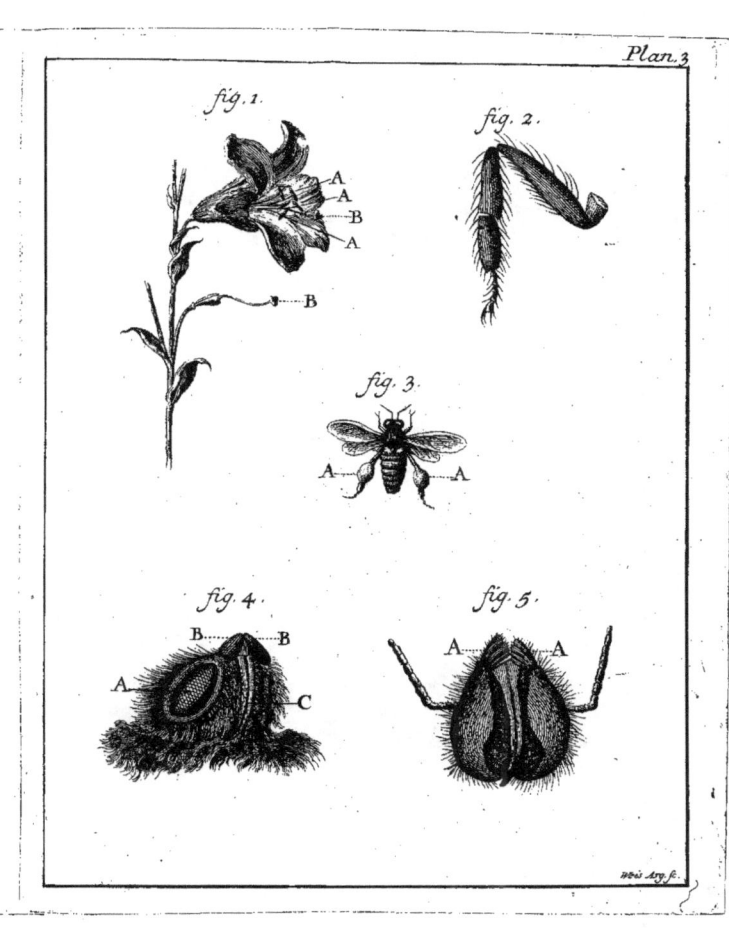

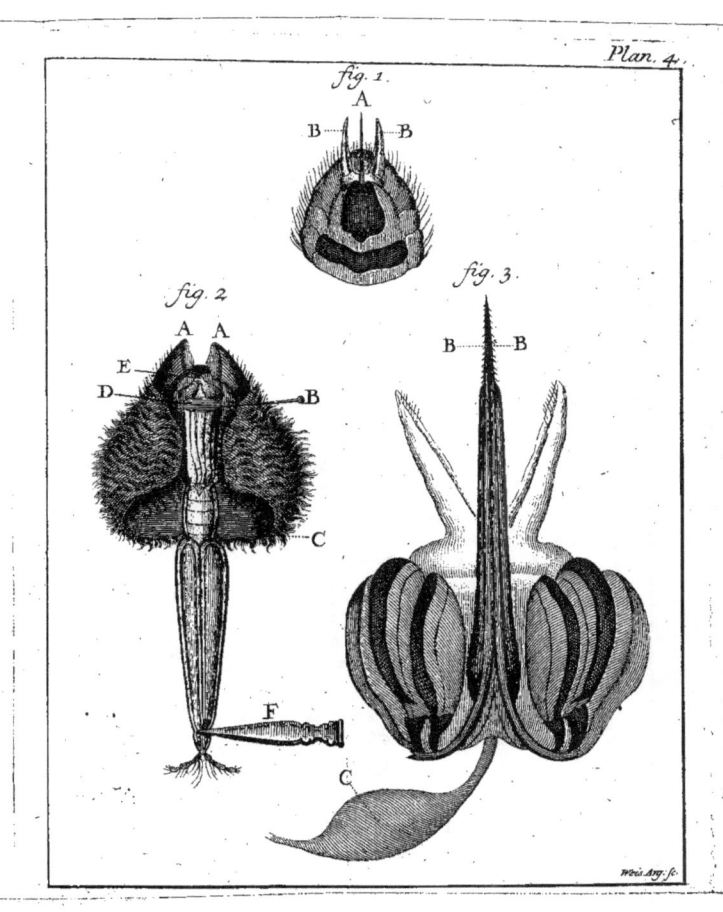

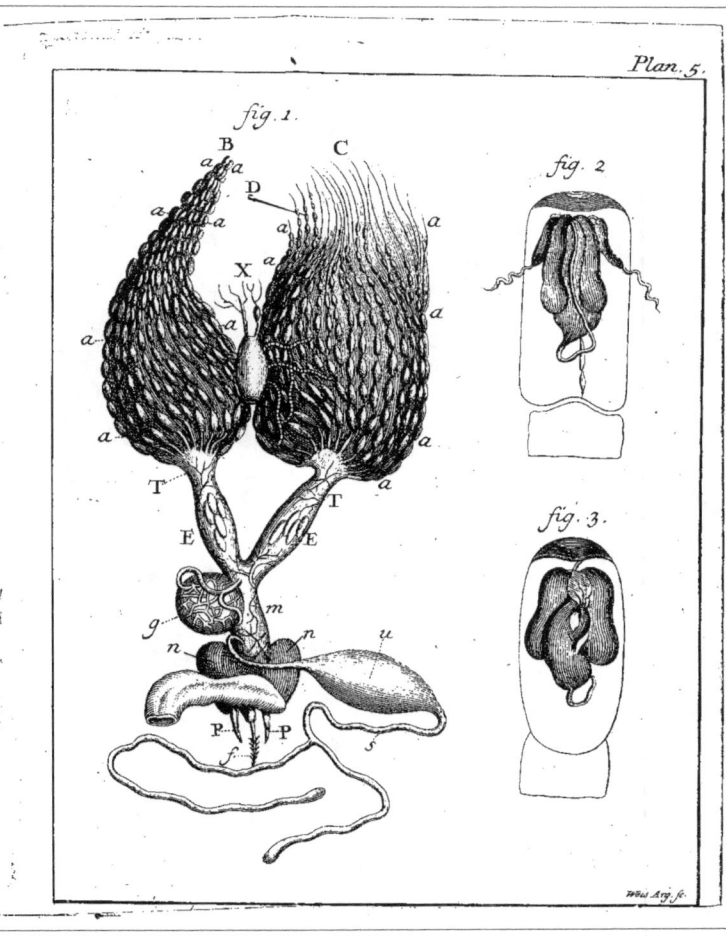

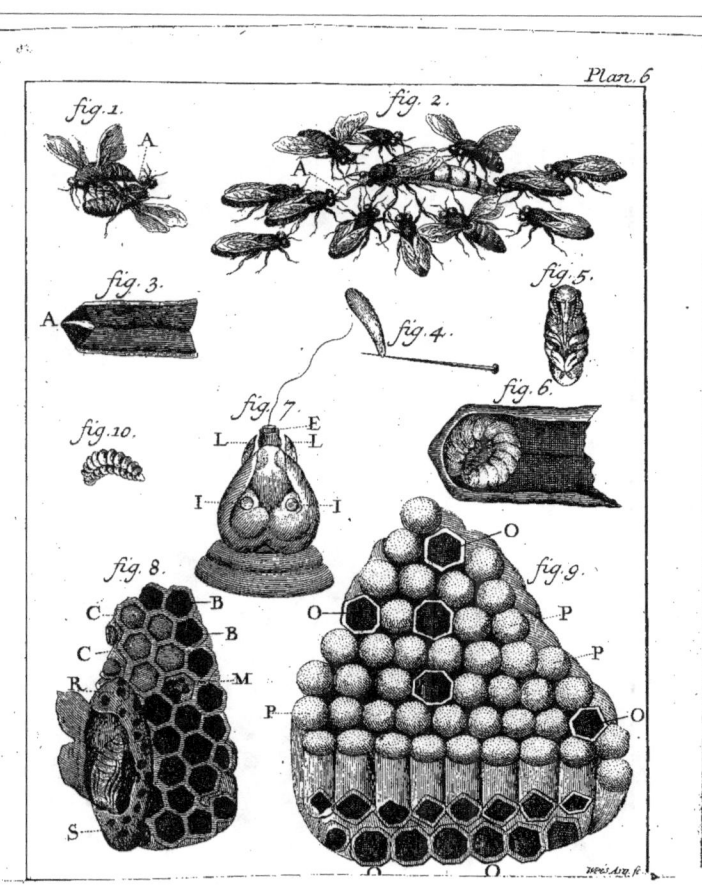

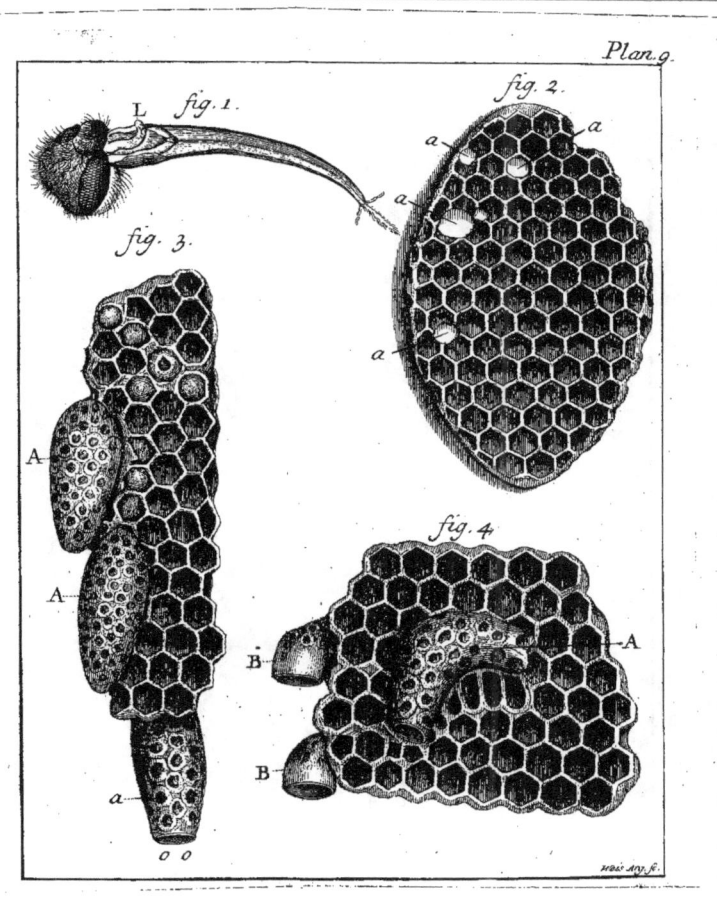

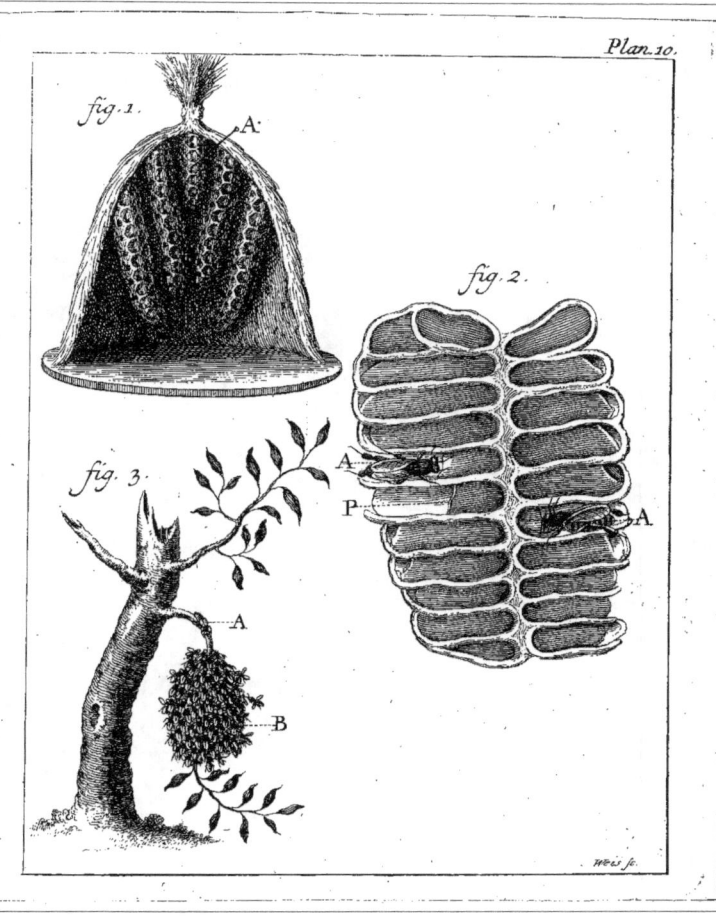

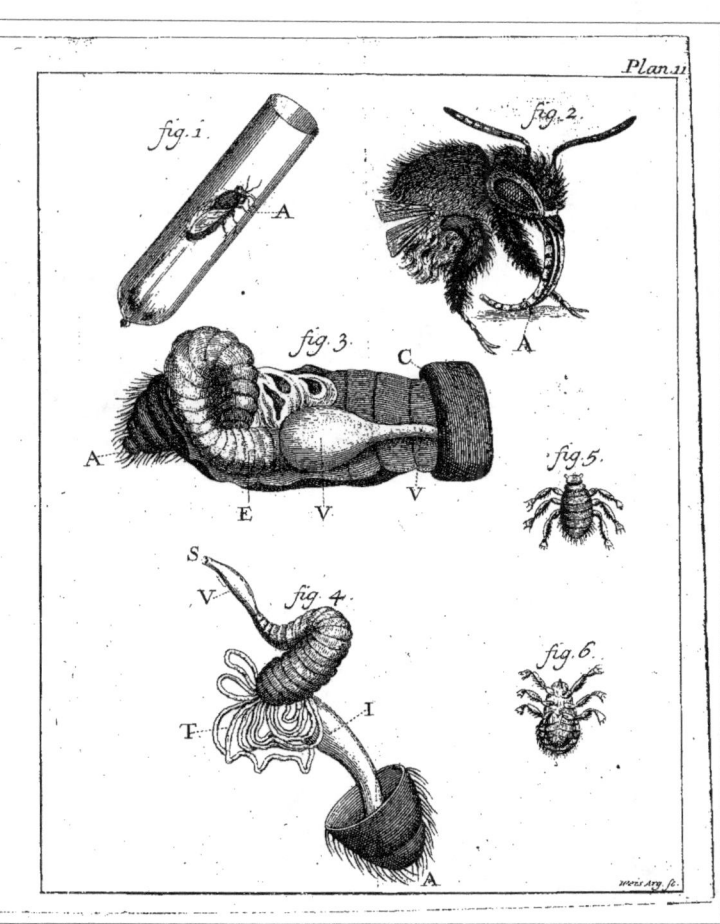

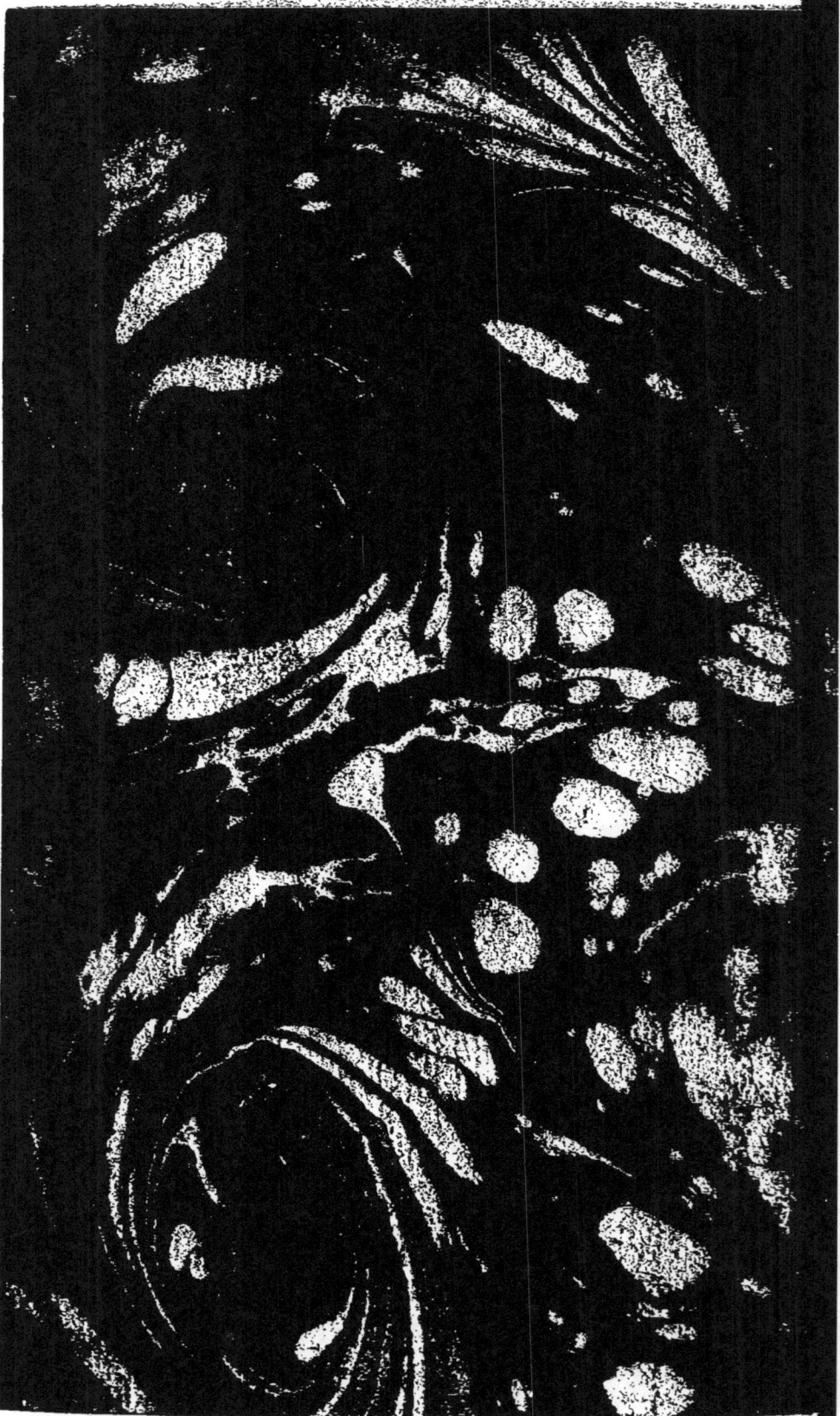

www.ingramcontent.com/pod-product-compliance
Lightning Source LLC
Chambersburg PA
CBHW070538230426
43665CB00014B/1731